JN234576

6

シリーズ・・・・
数学の世界

野口 廣 監修

幾何の世界

鈴木晋一 著

朝倉書店

まえがき

　「幾何」という言葉からどんなことを思い浮かべるでしょうか．楽しい思い出や嬉しい思い出をもっている方もあるでしょうし，苦い思い出や嫌な思い出をもっている方もあるでしょう．また，即ピタゴラス（三平方）の定理など，幾つかの定理を思い浮かべた方もあるでしょう．数学用語の中にはもちろん，日常用語の中にも幾何○○とか幾何的○○あるいは幾何学的○○といったものがたくさんあります．幾つか挙げてみてください．"図形的な"とか"図形を用いる考え方・方法"といった，何らかの意味で図形あるいは物の形などと結びついて，"幾何（的）"という言葉が広く用いられ，定着しています．ところが「幾」は「数についての不定・疑問の語（岩波国語辞典）」とありますが，「幾何」は 17 世紀に中国で生まれた造語で，本来図形的な意味はまったくありません（1 章「幾何学の歴史」を参照）．そのせいか，あるいは中学校・高等学校の数学から幾何という用語が消えてしまったせいか，大学で数学を専攻する学生の中にも，「幾可」と書く人が随分とたくさんいます．

　ところで専門的にはいったいどんな幾何学があるのか手元にある幾何学関係の書籍や数学辞典などをパラパラ開いて，名称を片端に列挙してみましょう：ユークリッド幾何・非ユークリッド幾何・双曲幾何・楕円幾何・放物幾何・球面幾何・平面幾何・立体幾何・自然幾何・絶対幾何・非アルキメデス幾何・座標幾何・解析幾何・アフィン幾何・射影幾何・微分幾何・積分幾何・位相幾何・微分位相幾何・組合せ位相幾何・代数的位相幾何・円幾何・球幾何・超球幾何・メービウス幾何・反転幾何・有限幾何・代数幾何・共形幾何・接続幾何・リーマン幾何……．ここに挙げた名称の，あるものはかなり広い意味の幾何学の総称であり，またあるものはそのなかの特別なものであり，さらに同じものの別称が混じっていたりで，並列すること自体おかしいのですが，とにかくたくさ

んの幾何学があることがわかります.

　幾何学とは,とにかく〈数学的〉図形の性質を〈数学的に〉研究する学問である……ということができます.○○幾何の○○には,どのような図形をどのような舞台で,どのような方法で,またどのような性質を取り扱うのかなどを示すような言葉が入っているのです.

　高等学校までの数学の内容は,少々乱暴ですが,

　　　　　　「数に関する事柄」　　と　　　「図形に関する事柄」

の2つに大別することができます.図形に関する事柄についていえば,まず小学校で観察・実験・実測などを通じて,いろいろな物の形について名称や性質などを,少しずつ段階を経ながら学びます.さらに中学校では直線・線分・三角形・四角形・円・球・立方体・角柱・円錐などの基本的な平面図形や空間図形についてより系統的に学びます.ここでは図形の性質を実験や実測によってではなく,証明によって確認し,証明された事柄を用いて新しい性質を導きます.これはもう幾何の世界で,ユークリッド幾何あるいは総合幾何の初歩ということになります.高等学校では選択制で一律ではありませんが,中学校での幾何の延長と,座標を活用して関数や方程式で表される図形について,式の計算や微分・積分なども用いてその性質を調べます.また,サイン・コサイン・タンジェントなどの三角法についても学びます.さらに,ベクトルの概念も学び,ベクトルを用いて図形を研究する方法があることも学びます.これは座標幾何あるいは解析幾何の初歩を学んだということができます.

　本書では,高等学校までで学ぶユークリッドの平面幾何を中心にして,図形を数学的に取り扱う楽しさ・嬉しさを紹介しようと思います.これを通じて,幾何の構成の妙や定理の美しさをお伝えできればと願っています.

　　2001年9月

　　　　　　　　　　　　　　　　　　　　　　　鈴　木　晋　一

目　　次

1. 幾何学の歴史 ･･ 1
   1.1 幾何学の誕生とその公理系 ･･････････････････････ 1
   1.2 非ユークリッド幾何の誕生 ･･･････････････････････ 6
   1.3 近世・近代の幾何学 ･･･････････････････････････････ 8
2. 基礎的な事項 ･･･ 11
   2.1 直 線 と 角 ･･･････････････････････････････････････ 11
   2.2 多辺形と多角形 ･･････････････････････････････････ 15
   2.3 円周・円・円盤 ･･････････････････････････････････ 18
   2.4 図形の移動と合同 ･･･････････････････････････････ 23
   2.5 作図と作図題 ･････････････････････････････････････ 28
   2.6 命題・論証・記号 ･･･････････････････････････････ 29
3. 3　　角　　形 ･･･ 33
   3.1 3角形の角 ･･･････････････････････････････････････ 33
   3.2 2等辺3角形 ･････････････････････････････････････ 35
   3.3 直角3角形 ･･････････････････････････････････････ 38
   3.4 3角形の辺と角の大小 ･･････････････････････････ 40
   3.5 平行4辺形 ･･････････････････････････････････････ 43
   3.6 3角形の五心 ･････････････････････････････････････ 50
4. 円 周 と 円 盤 ･･･ 57
   4.1 弧・弦・中心角 ･････････････････････････････････ 57
   4.2 円　周　角 ･･････････････････････････････････････ 59
   4.3 2つの円周の位置関係 ･･････････････････････････ 66
   4.4 続・3角形の五心 ･･････････････････････････････ 69

5. 比 例 と 相 似 73

5.1 面　　　積 73

5.2 ピタゴラスの定理 76

5.3 線分の比例 79

5.4 メネラウスの定理とチェバの定理 84

5.5 3角形の相似 90

5.6 方べきの定理 94

5.7 三角比と正弦法則・余弦法則 97

6. 多辺形と円周 103

6.1 3角形と円周 103

6.2 4辺形と円周 108

6.3 パップスの定理・デザルグの定理・パスカルの定理 114

7. 続・多辺形と円周 121

7.1 多辺形に関する分離定理 121

7.2 多辺形の内部対角線 126

7.3 正 多 角 形 128

7.4 円周の長さと円盤の面積 130

練習と問題の解答 135

文　　　献 139

索　　　引 141

談話室

ギリシャの作図 3 大難問　　32

円錐曲線・2 次曲線　　120

弧度法　　134

1

幾何学の歴史

この章では，幾何学の誕生から今日までの歴史を，超特急で概観します．たくさんの人名が登場し，読みにくいところもあるかと思いますが，細部にこだわらず，気楽に読み進めてください．これまでに学んだ幾何学がどんなものなのか，これから本書で展開される幾何の背景はどうなっているのか，その答えはともかく，「幾何の世界」の成立の雰囲気を感じていただければ十分です．

1.1　幾何学の誕生とその公理系

　古代の数学は，エジプトのナイル河の流域と，チグリス・ユーフラテス両河に挟まれたメソポタミア地方に起こったことはよく知られている．ギリシャの大歴史家ヘロドトス（Herodotus, B.C.484-425）の著書『歴史（ヒストリアイ）』の中には，「幾何学は，ナイル河の氾濫で年ごとに消える耕地の境界線を引き直す術として，エジプトに起こった」と書かれている．幾何学を意味する英語「Geometry」という言葉が，geo（土地）と metry（測量）から成り立っているのは，この間の事情をよく物語っている．メソポタミア地方も肥沃な土地に恵まれ，しかも交通の要所に当たっていたので，早くから商業のための計算術が進歩した．数学も他の学問と同じように，実生活の必要に根ざして起こったことがよくわかる．

　エジプトと地中海を隔てた対岸のギリシャにおいては，エジプトの実用的な文化を輸入し，これらを系統的に整理しただけでなく，理論的な検証を加えるとともにその方法をもとにさらに新しい事実を発見し，1つの学問にまで高めていった．こうして幾何学が誕生したのである．この時代の代表的な人物として，

ギリシャ哲学・ギリシャ数学の祖ともいわれるターレス（Thales, B.C.624-546）が挙げられる．ピタゴラス（Pythagoras, B.C.589?-?）とその学派も活躍した．

ギリシャは B.C.480 年にペルシャとの戦いに勝って，アテネを中心に都市国家としてますます栄え，いわゆるソフィストたちを生んだ．ソフィストたちは主として，定木とコンパスを用いて与えられた条件を満たす図形を作図せよという「作図問題」で幾何学に貢献した．その後，ギリシャはペロポネソス戦争（B.C.431-404）以降しだいに勢力を失っていったが，それでもなお学問・文化の中心としての地位を保ち，ソクラテス（Socrates, B.C.467-399）やその弟子プラトン（Platon, B.C.429-347）などを排出した．特にプラトンは幾何学に対して深い反省と考察を加え，定義・公理・定理・証明などの思想を確立し，次に述べるユークリッドの先駆となった．

このような環境の中でユークリッド（Euclid, B.C.330?-275?; 下図はその肖像）は，これまでに蓄積された数学知識を理路整然たる一つの体系にまとめあげて『原論（ストイケイア，$\Sigma\tau o\iota\chi\epsilon\iota\alpha$, Elements）』，全 13 巻を著した．『原論』は実数論や整数論なども含むが，その主要部分は幾何学である．この書物は，その理論的構造がしっかりしているがゆえに，長い間学問の典型と考えられ，特に第 1 巻から第 3 巻の部分は中世はいうに及ばず 20 世紀初頭までもほとんどそのままの形で幾何学の教科書として用いられてきたのである．当時のエジプト王プトレマイオス一世（Ptolemaios, B.C.323-283）が，「もっと手軽に幾何学を学ぶ方法はないか」とユークリッドにたずねたところ，「幾何学に王道なし」と答えたとのことである．

1.1 幾何学の誕生とその公理系

『原論』は多くの国・言語で翻訳されてきたが，日本でも，中村幸四郎，寺阪英孝，伊東俊太郎，池田美恵共訳『ユークリッド原論』（共立出版，1971）が完成した．以下の記事でもこれを参考にしたところが多い．

ちなみに，1574 年にローマで出版されたクラヴィウス（Clavius, 1537-1621）のラテン語版『原論』の幾何の部分が，彼に学んだ宣教師リッチ（Ricci）によって通訳の徐光啓の協力を得て漢訳され，『幾何原本』（1607）として中国で出版されたのが"幾何"の語源で，"geo"の音訳とのことである．

『原論』13 巻のうち，特に第 1 巻が注目されるので，その構成・内容の一部を紹介しておこう．まえがきや説明など一切なしに，いきなり 23 個の定義（言葉の正確な限定）が並んでいる．

定義
1）点とは部分をもたないものである．
2）線とは幅のない長さである．
3）線の端は点である．
4）直線とはその上にある点について一様に横たわる線である．
5）面とは長さと幅のみをもつものである．
6）面の端は線である．
7）平面とはその上にある直線について一様に横たわる面である．
8）平面角とは平面上にあって互いに交わりかつ一直線をなすことのない 2 つの線相互のかたむきである．
9）角をはさむ線が直線であるとき，その角は直線角とよばれる．
   ⋮

この後に，5 個の公準（要請：特に幾何学の建設に際して承認を要求される命題）と 5 個の公理（共通概念：一般に真であることが承認されるであろう命題）が続く．

公準（要請）
1）任意の点から任意の点へ 1 つの直線を引ける．
2）有限の直線をそのまま直線に延長できる．

4 　　　　　　　　　　1. 幾何学の歴史

3）任意の中心と半径で円が描ける.

4）すべての直角は相等しい.

5）2直線に1直線が交わって，同じ側に2直角より小さい内角をつくるな
　らば，これらの2直線を限りなく延長すると，2直角より小さい内角の
　ある側で交わる.

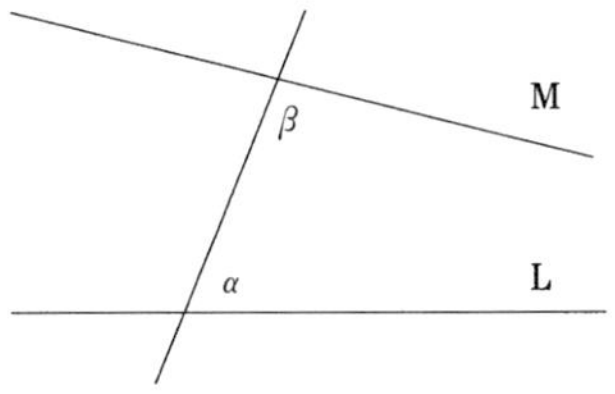

図1.1　$\alpha + \beta < 2$直角ならば，直線Lと
　　　　Mは右側で交わる.

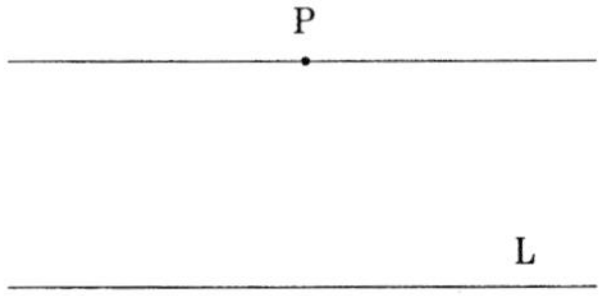

図1.2　点Pを通りLと平行な，
　　　　直線がただ一つ存在する.

公理（共通概念）

1）同じものに等しいものはまた互いに等しい.

2）等しいものに等しいものを加えると全体は等しい.

3）等しいものから等しいものを引くと残りは等しい.

4）重ね合わせられるものは互いに等しい.

5）全体は部分より大きい.

　公理は，実際は9項目になっているが，多くの例にならって，5項目に整理
した．今日では，上の公準と公理をあわせて「公理系」ということが多い.

　さて，このあと直ちに定理（命題）とその証明が続く（以下の命題番号は『原
論』に基づく）.

命題1.　与えられた有限の直線（線分）の上に等辺3角形をつくること.

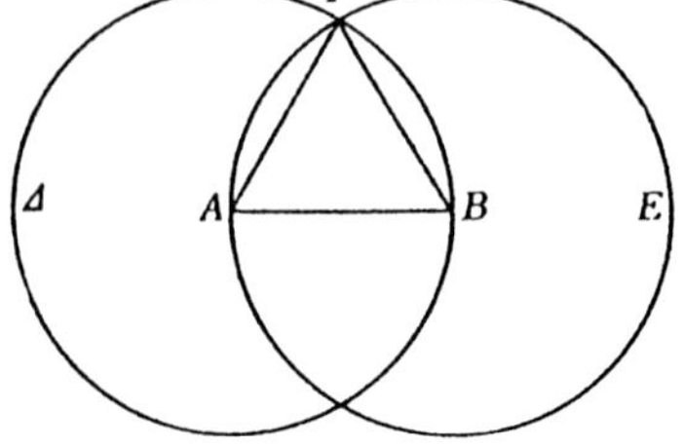

図1.3

1.1 幾何学の誕生とその公理系   5

この命題のように，公準 1，2，3 を（目盛りのない）定木とコンパスを使っ
て実行し，与えられた条件を満たす図形を具体的に作図する問題がかなり多く
見られるのが特徴である（2.5 節参照）．そしてこの種の問題については，詳し
く作図の方法を述べたあと，最後に「これが作図すべきものであった」で終わ
る．これは，線分や円がただ「存在する」のではなく，「定木とコンパスを用い
て具体的に作図できる」ことにその意義を認めているためと思われる．

命題 32. 任意の 3 角形において，1 辺を延長すれば，外角は 2 つの内対角
（の和）に等しく，かつ 3 角形の 3 つの内角（の和）は 2 直角に等しい．

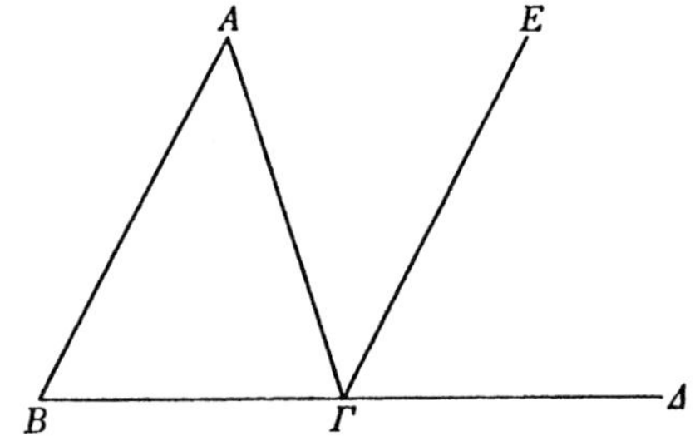

図 1.4

命題 47. 直角 3 角形において，直角に対する辺の上の正方形は，直角をは
さむ 2 辺の上の正方形（の和）に等しい（ピタゴラス（三平方）の定理）．

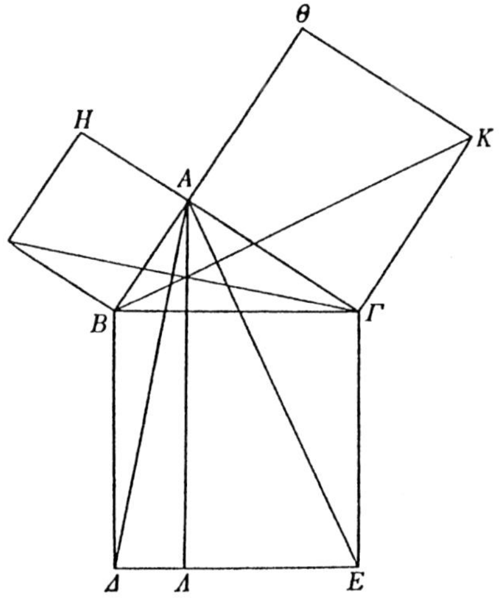

図 1.5

と続き，第1巻の最終命題48は命題47の逆となっている．

　以下，第2巻から最終第13巻にいたるまで，多くはその冒頭に必要な定義を挙げ，直ちに定理とその証明が続く「ユークリッド方式」の数学が展開されていく．この際，各定理は，定義・公準・公理で認めたことと，すでに証明された定理だけから，まったく理論的な推論によって証明される．

1.2　非ユークリッド幾何の誕生

　『原論』にも多くの不備な点があり，後世にいろいろの厳しい批判も受けたが，その批判のなかから多くの新しいものが生まれることになった．

　ところでユークリッドの公準・公理の中で，第5公準だけが内容・形式ともに格段に複雑であることが目につく．ユークリッド自身も，この第5公準をなるべく使わないようにしているようにも思えるところがある．実際アラビア時代から第5公準を他の公準・公理から導くことができないかが研究されてきたが，17世紀頃から本格的になってきた．そうした研究から，第5公準と同値なものがいろいろ登場したが，そのなかの幾つかを挙げてみよう．

1) 合同でなくて相似な3角形が存在する．
2) 長方形が存在する．
3) 内角の和が2直角である3角形が存在する．
4) 平面上に交わる2直線があるとき，これらに同時に平行な直線は存在しない．
5) 一直線外の任意の1点を通って，この直線に平行な直線は唯1つ存在する（プレイフェア（Playfair, 1748-1819））．
6) 3点を通る円が存在する．

　このうちの5)は，あとに述べる非ユークリッド幾何学との対比のうえで最も都合がよく，「平行線の公理」の名のもとに，その後広く採用されている．また前項で示したユークリッドの命題32の証明は，この5)を使った方が簡単明瞭で，3)は命題32から第5公準が得られることをいっている．

　サッケーリ（Saccheri, 1667-1733），ランベルト（Lambert, 1752-1777），ルジャンドル（Legendre, 1752-1833）など多くの先人の結果が結集し，やがて19

1.2 非ユークリッド幾何の誕生　　　　7

世紀になってロバチェフスキー（Lobachevskii, 1798-1856）とボリアイ（Bolyai,
1802-1860）とが，第5公準の代わりに

5′）一直線外の任意の1点を通って，この直線に平行な直線は無数に多くある.

を採用しても，ここに矛盾を含まない新しい幾何学が建設されることを，独立
に示した．これが非ユークリッド幾何の発見である．これまでのユークリッド
幾何を現象空間の幾何と考える立場から見れば，異様な結果も多く発生する．
例えば，ユークリッドの命題32に対して，

　　　　　　 "3角形の3つの内角の和は2直角より小さい"

ことになり，このような幾何を双曲的非ユークリッド幾何とよぶ.

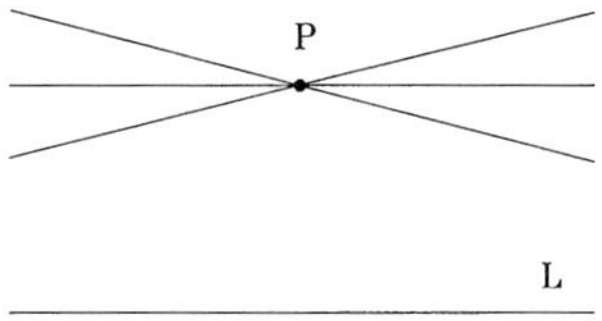

図 1.6　Pを通りLと平行な直線は
　　　無数に存在する.

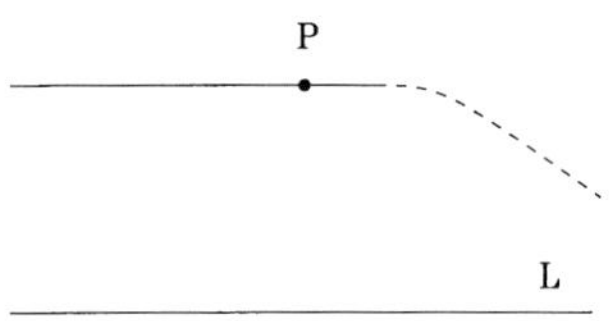

図 1.7　Pを通りLと平行な直線は
　　　存在しない.

　さらにリーマン（Riemann, 1826-1866）がゲッチンゲン大学で行った講演
『幾何学の根底に横たわる仮定について』（1854）は，空間の概念そのものに大
きな革新をもたらし，これからのちのリーマン幾何学が生まれることになった
のだが，その中に第5公準の代わりに

5″）一直線外の任意の1点を通って，これと平行な直線は存在しない.

を採用してもやはり新しい幾何学が構成されることも含まれていた．この際，

　　　　　　 "3角形の3つの内角の和は2直角より大きい"

ことになり，このような幾何を楕円的非ユークリッド幾何とよぶ.

　このようにして第5公準を他の公準・公理から証明しようとした試みに終止
符が打たれ，同時に公準・公理のもつ意味・性格が改めて問われることとなっ
た．公準・公理から「自明なもの」あるいは「当然承認されるもの」という意
味が薄れ，単に「理論の前提としての仮定」という意味が強くなってきた.

　こうしたなかで，デデキント（Dedekind, 1831-1916）の直線上の点の連続

性の公理（1872），パッシュ（Pasch, 1843-1930）の順序に関する公理（1882），ペアノ（Peano, 1858-1932）の自然数に関する公理（1889）などが新しい思想とともに次々と世に出た．このような時代背景のもとで，ヒルベルト（Hilbert, 1862-1943）の『幾何学の基礎』（1899）が世に出た．彼は，「点・直線・平面などは（要するに定義不可能であるから……ユークリッドの定義を改めて参照されたい）無定義要素として採用し，無定義要素に関する幾つかの命題を真なるものと仮定して出発するとき，どのような事柄が必然的に得られるのかを追求する形式的論理が数学の本領」であると考えた．これを「公理主義」とよぶが，この思想は幾何学だけではなく現代数学の隅々にまで浸潤している．ヒルベルトはユークリッド（空間）幾何学を公理的に建設するのに必要にして十分な公理系として，結合の公理・順序の公理・合同の公理・平行線の公理・連続の公理の5群20個を挙げ，さらにこれまでに知られている基本的な定理などとの相互関係も詳しく論じている．

1.3　近世・近代の幾何学

　ユークリッドの『原論』は幾何だけではなく代数的な問題も扱っていることは前にも述べたが，ここでの扱いは幾何の準備の色彩も濃く，また幾何を用いた議論がほとんどである．これは当時まだ代数記号をもたなかったのが最大の原因と思われる．13世紀になってイタリアなどにインドの算用数字が普及し，計算法・対数などが次第に整ってくる．こうしてルネサンスのイタリアを通して代数学が発達し，フランスのヴィエタ（Vieta, 1540-1603）の文字の導入によって著しく近代的なものになり，デカルト（Descartes, 1596-1650）は代数における記号をほとんど現代流のものにし，幾何学的な観念から独立した代数学が誕生した．

　こうした背景のもとに，フェルマー（Fermat, 1601-1665）やデカルトはついに座標の概念に到達した．デカルトは『方法序説』の中の『幾何学』（1637）で，

　　　　「幾何学の一般的方法として代数学が用いられる」

と述べ，彼の研究はのちに解析幾何学として結実した．ユークリッド幾何が解析的に研究できるようになったことは画期的なことであった．これによって数

と図形が別のものではなく，互いに一方が他方の表現とも考えられることを示しているからである．解析幾何の発展は，やがて物理学とも結びついて，ニュートン（Newton, 1642-1727）やライプニッツ（Leibniz, 1646-1716）による微積分学の発見にとつながることになる．

一方，ルネサンスのイタリアにおいては，造形美術がすばらしい発達を遂げたが，その写実的な芸術はレオナルド・ダ・ビンチ（Leonardo da Vinci, 1452-1519）やデューラー（Dürer, 1471-1528）らの遠近法・透視図法を生み出した．射影とか切断といった図形の新しい研究方法は，デザルグ（Desargues, 1593-1662）やパスカル（Pascal, 1623-1662）の円錐曲線論，モンジュ（Monge, 1746-1818）の画法幾何学，さらにはポンスレー（Poncelet, 1788-1867）らによる射影幾何学へと発展していった．

また，ニュートンらの曲率の研究から，オイラー（Euler, 1707-1783），モンジュら多数の数学者によって幾何学への解析学の応用が進み，ガウス（Gauss, 1777-1855）の『曲面に関する研究』（1827）にいたって微分幾何学も確固たる地位を占めるようになった．

またオイラーに始まる位置の幾何学も，カントール（Cantor, 1845-1918）の集合論やポアンカレ（Poincaré, 1854-1912）の導入した代数的手法と関わり合って位相幾何学へと発展し，幾何学は"まえがき"にも述べたように，いよいよ多様になった．

クライン（Klein, 1849-1925）は，1872 年にエルランゲン大学に就職するために自分の研究計画などについて講演を行い，幾何学に対する考えを述べた（通常，エルランゲン–プログラムとよばれる）．それは，

「幾何学とは，ある種の変換群によっての不変性を調べる学問である」

というもので，幾何学のある種の本質を暴き出し，幾何学思想に画期的な革命をもたらした．その後の空間概念の発展・修正によって，クラインの幾何思想だけで幾何学を処理するのはとても不可能となったが，その思想・精神は不滅のものである．

解析幾何学の発展の中で，ベクトルの概念も定着し，座標平面（空間）をベクトル空間と考えることで，その上の変換が行列で捉えられることになった．

行列を用いて表される変換の中から，ある特別な性質をもつものを取り出して，このクラスの変換によって不変な図形の性質を研究する幾何学を選び出すことにより，ユークリッド幾何とその他の幾つかの幾何（アフィン幾何・射影幾何・非ユークリッド幾何など）との，クラインの思想の意味での関連が，比較的明確に述べられることになった．ベクトルの概念を中心としてユークリッド幾何の公理的構成が，ワイル（Weyl, 1885-1955）の『空間・時間・物質』（1918）における提唱以来，幾つか試みられている．

2

基礎的な事項

この章では，本書の話を展開するために必要な用語と記号および基本的な性質（定理）を集めました．そのほとんどは，中学校までで学ぶ幾何の知識ですから，用語や記号などを確認しながら，気楽に読み進んでください．用語や記号はできるだけ標準的なものを使うように努めましたが，意識的に変えてあるものもあります．

本書は，ユークリッドのように公理的に幾何を構成していくつもりはありませんが，この章を基礎にして，ときどきはユークリッドも意識しながら，全体を積み上げていこうと思います．

2.1 直 線 と 角

a. 平面上に 2 点 A, B があるとき，A と B を通る直線は 1 本あって，1 本しかない．この直線を，**直線 AB** で示す．直線といえば，まっすぐに限りなくのびているものをいう．直線を ℓ, m などの 1 つの文字で表すこともある．

直線 AB の一部分で，点 A から点 B までの部分を，**線分 AB** といい，A と B をその端点という．線分 AB の長さを (AB) で表す．この線分の長さは，2 点 A, B の **距離** である．

直線 AB の一部分で，点 A を端点とし，B を通って一方にだけのびている部分を，**半直線 AB** という．

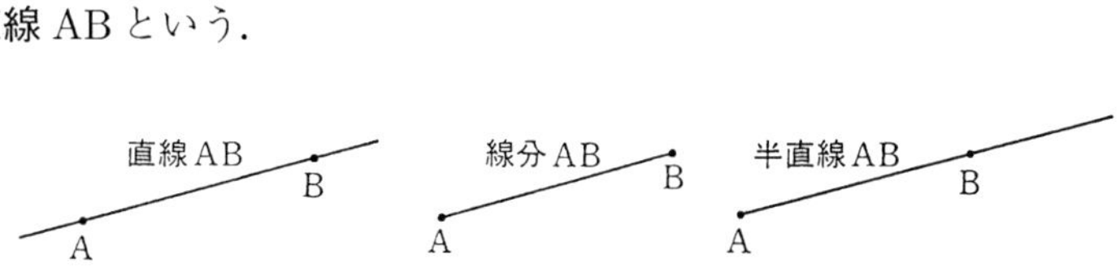

図 2.1

b. 1つの点を端点とする2つの半直線のつくる図形が**角**である．角をつくる2つの半直線を辺，半直線の共通の端点を頂点という．図 2.2 のような角を∠ABC と表し，角 ABC と読む．特に断らない限り，小さい方の角を示す．また，∠ABC のことを，単に，∠B や ∠b と表すこともある．

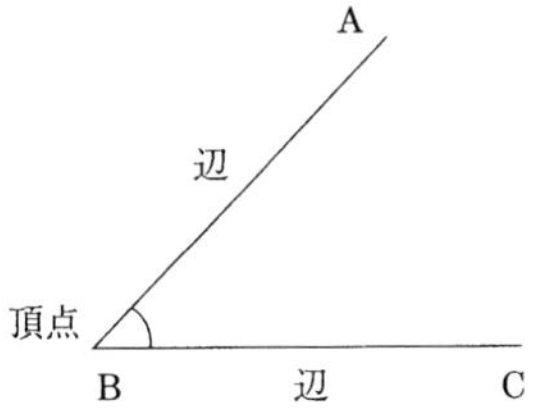

A

辺

頂点

図 2.2　　B　　辺　　C

∠ABC の**大きさ**（＝**角度**）を，(∠ABC) で表す．また，混乱のおそれがないときは，(∠ABC) を (∠B) や B で表すことがある．

c. 2つの直線 ℓ と m が1点で交わるとき，図 2.3 のように，4つの角ができる．このうち，∠a と ∠c，∠b と ∠d を**対頂角**という．

(1) 対頂角は等しい；(∠a) = (∠c)，(∠b) = (∠d)．

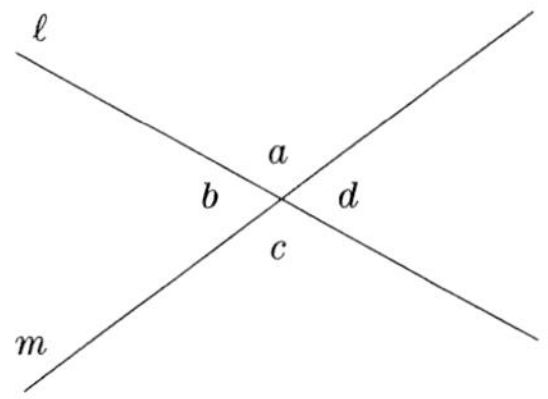

ℓ

a
b　　d
c

図 2.3　　m

ℓ

m　　b　a
　　　　c　d

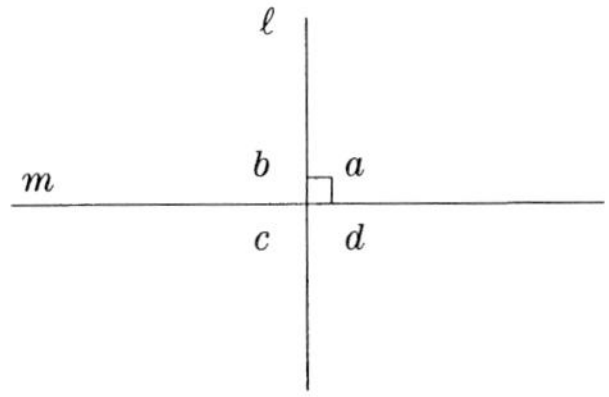

図 2.4

右上の図 2.4 で，(∠a) = (∠b) であるとき，この角の大きさ (∠a) を**直角**といい，∠R または，90° で表す．このとき，対頂角の性質から

$$(\angle a) = (\angle b) = (\angle c) = (\angle d) = \angle R$$

である．また，直線 ℓ と m は**垂直**である，または，**直交**するといい，

$$\ell \perp m$$

で表す．また，$\ell \perp m$ であることを，図の上では，交点のところにカギ形を付けて示すことが多い．

さらにまた，ℓ と m は，互いに他方の**垂線**であるともいう．

2.1 直 線 と 角　　　13

d. 2つの直線 ℓ と m が共有点をもたないとき，**平行**であるといい，

$$\ell \parallel m$$

で表す.

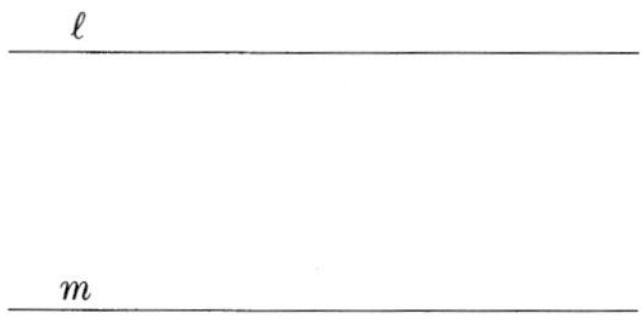

図 2.5　平行線 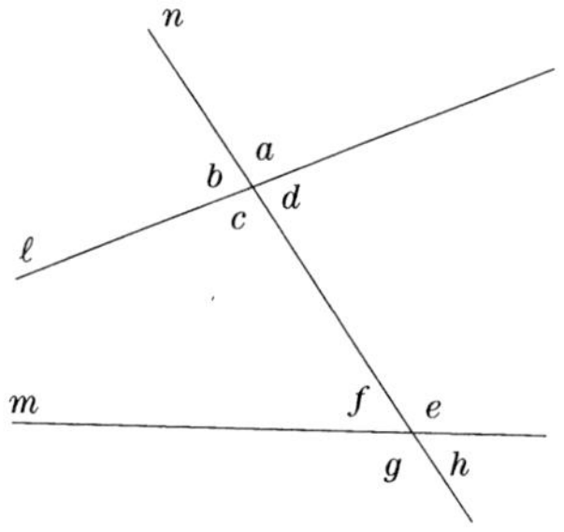　　　図 2.6　同位角・錯角

右図 2.6 のように，2直線 ℓ, m に，直線 n が交わっているとき，$\angle a$ と $\angle e$ のような位置にある2つの角を **同位角** という．$\angle b$ と $\angle f$，$\angle c$ と $\angle g$，$\angle d$ と $\angle h$ も，それぞれ，同位角である.

また，$\angle c$ と $\angle e$ のような位置にある2つの角を **錯角** という．$\angle d$ と $\angle f$ も錯角である.

同位角，錯角を用いると，平行な直線を特徴付けることができる.

e.　平行線の性質，平行線になる条件　2つの直線 ℓ, m に1つの直線 n が交わるとき，次のことが成り立つ.

1) $\ell \parallel m$ ならば，同位角は等しい.

　1組の同位角が等しいならば，$\ell \parallel m$.

2) $\ell \parallel m$ ならば，錯角は等しい.

　1組の錯角が等しいならば，$\ell \parallel m$.

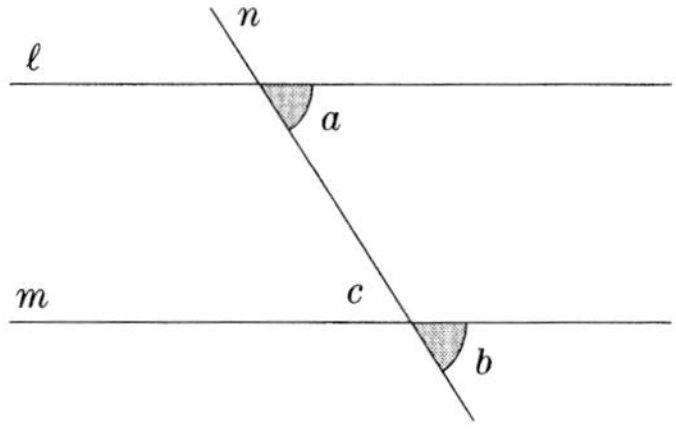

図 2.7　平行条件

14   2. 基礎的な事項

f. 下の図 2.8 のように，直線 ℓ と，ℓ 上にはない 1 点 P がある．このとき，P を通って ℓ と平行な直線 m がただ 1 つある（1 章の平行線の公理を参照）．

また，P を通って ℓ に垂直な直線がただ 1 つある．この直線と ℓ との交点 H を垂線の足ともいう．このとき，線分 PH は，点 P と ℓ 上の点を結ぶ線分のうちで最も短い．この線分 PH の長さ (PH) を，点 P と直線 ℓ の距離という．これはまた，直線 ℓ と直線 m の距離でもある．

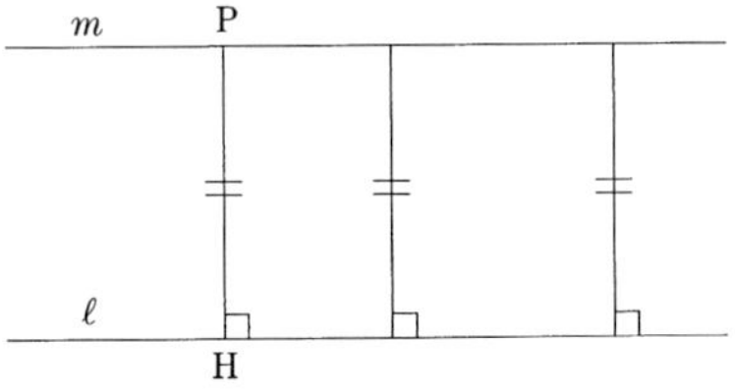

図 **2.8** 平行線

g. 数直線と座標平面　実数全体の集合を $\mathbb{R}$ で表す．直線上に 0 に対応する点 O（原点）と 1 に対応する点 E を指定すると，実数全体とこの直線上の点は 1 対 1 に対応する．そこで，この直線をも $\mathbb{R}$ とみなし，**数直線**という．本書では，実数について深入りしないが，その基本的な性質の一部を使用することがある．

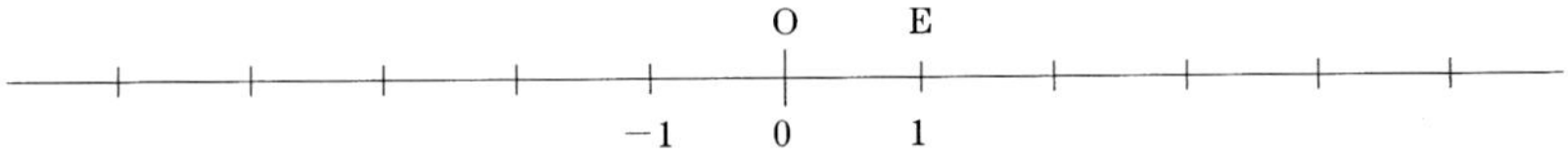

図 **2.9**　数直線

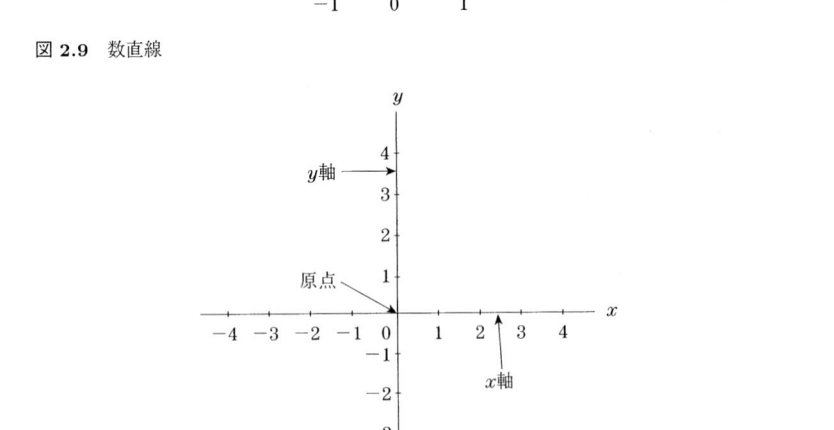

図 **2.10**　座標平面

2.2 多辺形と多角形 15

平面上の1点Oで，互いに直交する2つの数直線を定める．このとき，2つの数直線を**座標軸**といい，それぞれ x 軸，y 軸という．また，点Oを原点という．すると，平面上の点は，その点の x 座標と y 座標の組によって表される．このように，座標が決められている平面を**座標平面**という．

座標平面では，実数の性質が利用でき，また2次元ベクトル空間とみなすことで多くの利点があるが，本書では基本的に座標は使用しない．

ただし，平面を何かの記号で表す必要が生じた際に，平面 $\mathbb{P}$ と表示する．

2.2 多辺形と多角形

a. 平面上に n 個の相異なる点 $A_1, A_2, A_3, \cdots, A_n$ がある．

このとき，$n-1$ 個の線分 $A_1A_2, A_2A_3, \cdots, A_{n-1}A_n$ からなる図形 L を（A_1 と A_n を結ぶ）**折線** といい，各 $A_i\,(i=1,2,\cdots,n)$ を L の**頂点**，各線分 $A_{i-1}A_i$ $(i=2,3,\cdots,n)$ を L の**辺** という．必要があれば，L を折線 $L(A_1, A_2, \cdots, A_n)$ と書く．折線 $L(A_1, A_2, \cdots, A_n)$ のどの2辺についても，隣り合う辺 $A_{i-1}A_i$ と A_iA_{i+1} の共通の頂点 A_i 以外には，共有点をもたないとき，特に**単純折線** という．

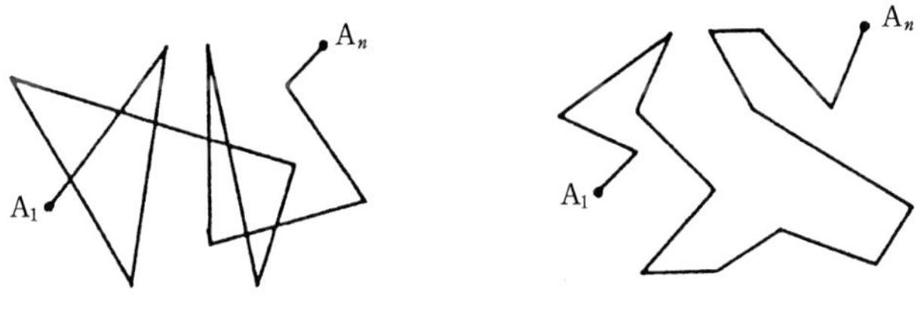

図 **2.11**　（一般の）折線（左）と単純折線（右）

さらに，n 個の線分 $A_1A_2, A_2A_3, \cdots, A_{n-1}A_n, A_nA_1$ からなる図形 C を**閉折線**といい，各 A_i をその**頂点**，各線分 $A_{i-1}A_i$ をその**辺**という．必要があれば，C を $C(A_1, A_2, \cdots, A_n)$ と書く．

n 個 $(n \geq 3)$ の線分からなる閉折線 C のどの2辺についても，それらの共有点が高々1点であるとき（つまり，共有点が1個か，共有点がないとき），C を $\boldsymbol{n}$ **辺形** といい，n 辺形を総称して**多辺形**という．

n 辺形 C において, そのどの 2 辺についても, 隣り合う 2 辺の共通の頂点以外には, 共有点をもたないとき, C を **単純閉折線**, または, **単純 n 辺形**といい, 単純 n 辺形を総称して, **単純多辺形**という.

単純多辺形に対して, 単純でない多辺形を, **交差多辺形**ということがある.

図 **2.12** （一般の）閉折れ線 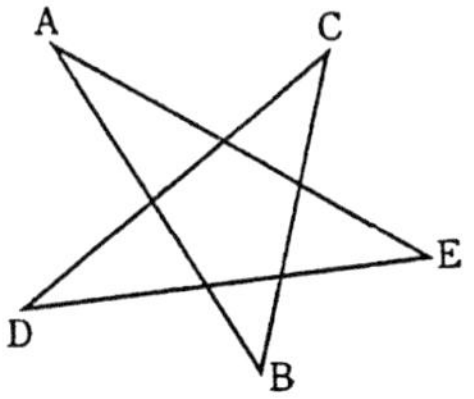 　　　図 **2.13** 5 辺形

b. 定　理　平面上の単純 3 辺形 $C = C(\mathrm{A, B, C})$ は, 平面を**内部**とよばれる有界領域と, **外部**とよばれる非有界領域とに分割する.

そこで, 単純 3 辺形 C とその内部とを合わせた図形を, C を境界とする **3 角形**といい, $\triangle \mathrm{ABC}$ で表す.

これは "あたりまえ" ともいえる定理ではあるが, きちんと証明しようとすると,「平面上の 2 点を結ぶ線分（直線）はただ 1 つに限る (2.1 節 a)」ことの他に, いくつかの重要な事実を使わなければならない. まず,「領域」と「分割する」という言葉の定義から始める.

c.　平面 $\mathbb{P}$ の部分集合 D が**領域**であるとは, D の任意の 2 点 A, B に対して, A, B を結ぶ折線が D 内にとれる場合をいう. 領域 D が**有界**であるとは, D が原点を中心とするある半径の円盤内に含まれるときをいう.

特に, 領域 D が**凸**であるとは, D の任意の 2 点 A, B に対して, 線分 AB が D 内にある場合をいう.

(1) 2 つの凸領域 D, E の共通部分 $D \cap E$ もまた凸領域である.

平面 $\mathbb{P}$ 内の図形 X が, 平面をいくつかの領域に**分割する**とは, $\mathbb{P} - X$ が, 互いに共有点をもたないいくつかの領域になることである. これは, 異なる領域に属する点を結ぶ折線は, 必ず X と交わることを意味する.

2.2 多辺形と多角形

d. (1) 平面上の直線は, 平面を 2 つの凸領域 (半平面という) に分割する.

これは,「数直線上の 1 点 P は, 数直線を 2 つの半直線に分割する」に対応するもので,「パッシュの公理」として知られている. 平面を座標平面とし, その上の直線が x と y の 1 次方程式で表されることを認めると, これは自明の事実となる.

平面上に, 3 点 A, B, C を頂点とする単純 3 辺形があるとき, 3 本の直線 AB, BC, CA は平面を 7 つの凸領域に分割する. このうちの 1 つが有界で, これが 3 辺形 C が分割する内部領域であり, 3 直線 AB, BC, CA が分割する 3 つの半平面の共通部分であるから, 凸である.

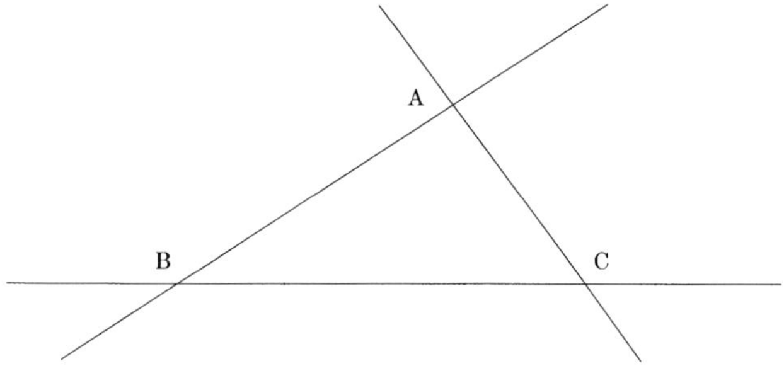

図 **2.14**

(2) 平面上の半直線・線分・単純折線は, いずれも, 平面を分割しない.

e. 定 理 平面上の単純 n 辺形 C は, 平面を**内部**とよばれる有界領域と, **外部**とよばれる非有界領域とに分割する.

単純 n 辺形 $C = C(A_1, A_2, \cdots, A_n)$ と, その内部領域を合わせた図形を, C を境界とする **n 角形**といい, $\Pi = \Pi(A_1, A_2, \cdots, A_n)$ で表す. また, C の頂点と辺をそのままこの n 角形 Π の頂点, 辺という. n 角形を総称して, **多角形**という.

多角形は領域である. 領域として凸である多角形を **凸多角形** という. 3 角形はすべて凸である.

本書では, 3 角形とともに 4 角形が何度も登場する. そこで, 4 点 A, B, C, D を頂点とする単純 4 辺形 $C(A, B, C, D)$ を境界とする 4 角形を特に □ABCD で表すことが多い.

18　　　　　　　　　　　　　　2. 基礎的な事項

　さて，上の定理であるが，これは「ジョルダン（Jordan）の閉曲線定理」と
よばれる位相幾何学の有名な定理の，"閉曲線"が単純閉折線である場合に相当
する．証明は難しくないが，それなりに複雑で長いので，7.1 節で与えること
にして，ここではそのまま認めることにする．

2.3　円周・円・円盤

　a.　平面上で，1 点 O から一定の距離 r にある点全体からなる図形 S を円
周または**円**という．このとき，点 O を円周または円の**中心**，中心と円周上の点
を結ぶ線分を**半径**という．半径の長さ r のことを単に半径ともいう．

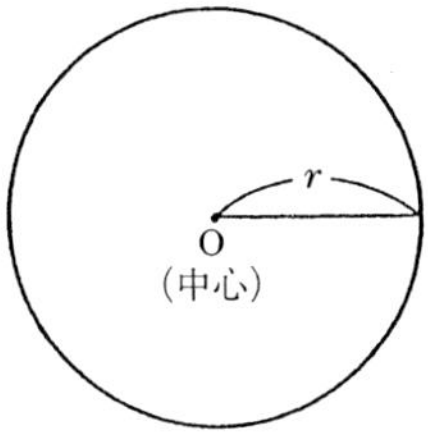

図 **2.15**　円周

　円周（円）S を表すには，その中心 O と半径 r を明示して $S(\mathrm{O},r)$，あるい
は，その中心 O を明示して $S(\mathrm{O})$ などの記号を用いる．
　円周（円）については，4 章で詳しく論ずるが，平面幾何において基本とな
る図形の 1 つで，それまでにもしばしば登場するので，ここで簡単に触れてお
くことにする（実際，有界の定義において，すでに用いた）．

　b.　平面上の円周 $S(\mathrm{O},r)$ は，平面を**内部**とよばれる有界領域と，**外部**とよ
ばれる非有界領域とに分割する．
　円周 $S=S(\mathrm{O},r)$ とこの内部を合わせた図形を（S を境界とする）**円盤**とい
い，$D(\mathrm{O},r)$ で表す．点 O をその**中心**といい，S の半径 r をその**半径**という．
　円周 $S(\mathrm{O},r)$ が平面を分割することは「ジョルダンの閉曲線定理」をもち出
すまでもなく明らかで，内部は O からの距離が r より小さい点の全体であり，
外部は O からの距離が r より大きい点の全体である．

2.3 円周・円・円盤   19

注意　通常,「円」は円周と円盤の両方の意味に使われるが,本書では円盤の意味には使用しない.また,円周の意味でもなるべく使用しない方針でいくが,「外接円」などの慣用的な表現を「外接円周」というのも抵抗があるので,慣用に従ったところも多い.

c.　平面上では,2 点を与えるとその 2 点を通る直線がただ 1 つ定まる.これに対応して,円周を特徴付けることができる.そのために,少し準備をする.

線分 AB 上の点 M について,(AM) = (BM) であるとき,点 M を線分 AB の**中点**という(中心とはいわない).中点を通って直線 AB に垂直な直線を線分 AB の**垂直 2 等分線**という.

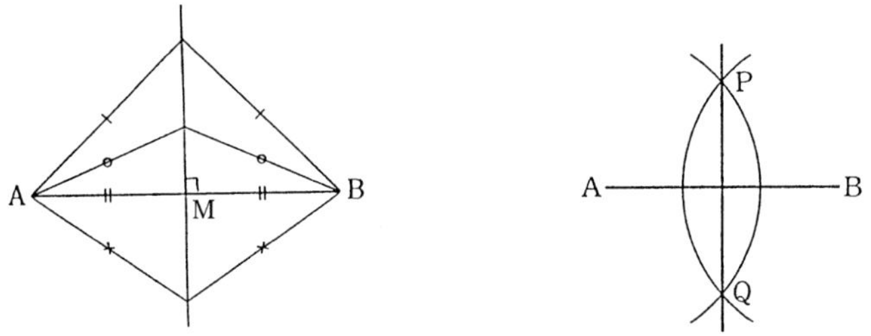

図 2.16　線分の垂直 2 等分線とその作図法

線分 AB の垂直 2 等分線は,図 2.16 のように,点 A, B を中心とし,半径が (AB)/2 より大きい円周を描き,それらの交点を結ぶ直線を描けばよい.

この直線が確かに線分 AB の垂直 2 等分線であることの証明には,直角 2 等辺 3 角形の合同条件が必要であるが,これは次の 3 章で示すことにして,先に進むことにする.この事実を認めると,次がわかる.

d.　線分 AB の垂直 2 等分線上の任意の点は A と B から等距離にある.また,点 A と点 B から等距離にある点は,線分 AB の垂直 2 等分線上にある.

e.　**定理(円周の特徴付け)**　平面上に,1 直線上にはない 3 点が与えられると,この 3 点を通る円周が 1 つあって,1 つしかない.

証明　1 直線上にない 3 点 A, B, C を通る円周があったとし,その中心を O とすれば,

$$(OA) = (OB), \qquad (OA) = (OC)$$

20   2. 基礎的な事項

だから，点 O は線分 AB, AC の垂直 2 等分線上にあるはずである．そこで，線分 AB, AC の垂直 2 等分線を引く．2 直線 AB, AC は点 A で交わるので，これらの垂直 2 等分線は必ず交わり，その交点 O を中心として (OA) を半径とする円周を描けば，これは点 A, B, C を通る．

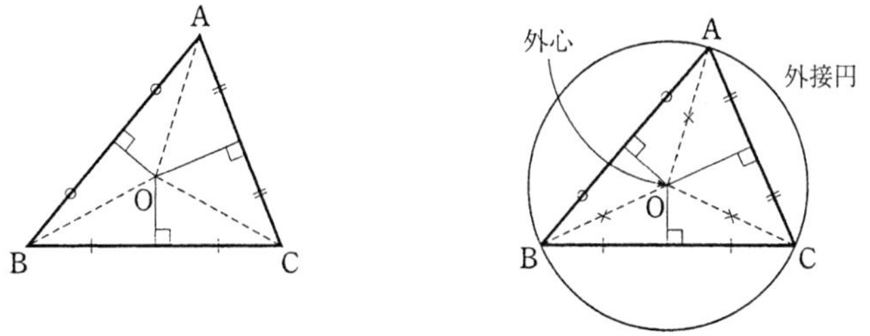

図 **2.17** 外接円

また，線分 AB, AC の垂直 2 等分線の交点は 1 つしかないから，このような点 O は 1 つしかない．   ♡（証明終り）

問   1 直線上の 3 点を通る円周はないことを確かめよ．

3 角形の 3 頂点を通る円周を，3 角形の**外接円**といい，その中心を**外心**という．上の証明で，点 O は △ABC の外心である．また，上の証明で，線分 BC の垂直 2 等分線も外心 O を通る．これらを次にまとめておく．

f.   定理（3 角形の外心と外接円） 3 角形の 3 辺の垂直 2 等分線は 1 点で交わり，その点は 3 頂点から等距離にある．この点がこの 3 角形の外心である．

一般に，平面上の多辺形 C のすべての頂点がある円周 S 上にあるとき，S を C の**外接円**といい，逆に，C は S に**内接**するという．

本書では，前節（2.2 節 a）において，通常よりも一般的なかたちで多辺形を定義した．ここで，多辺形の感覚をつかむために，1 つの例題を与える．

g.   例   題   1 つの円周 S 上に 6 点を与える．これらの点を順次線分で結ぶことにより閉折線をつくる．これら 6 点のどの 3 点も同一直線上にはないので，これらの閉折線はすべて 6 辺形で，S に内接する．さて，このような 6 辺形はいくつあるか．

解 1つの6辺形が与えられたとき，その6頂点のうちの1つをAとし，Aと結ばれる2辺のうちの一方の端点をBとし，残りをアルファベット順に決めていけば，この6辺形を $C(A,B,C,D,E,F)$ と命名する仕方は，Aの選び方が6通りでBの選び方が2通りだから，12通りになる．

6点に，A,B,C,D,E,F という名前を付けるとすると，その付け方は $6!=720$ 通りである．どの付け方に対しても，この順に線分で結び，最後にFとAを結ぶと6辺形 $C(A,B,C,D,E,F)$ が決まる．よって，与えられた6点によって定まるすべての相異なる6辺形の数は，720/12=60個になる．なお，このうち単純6辺形は，円周に沿って順に結んだ1つだけで，残りの59個は交差6辺形である．

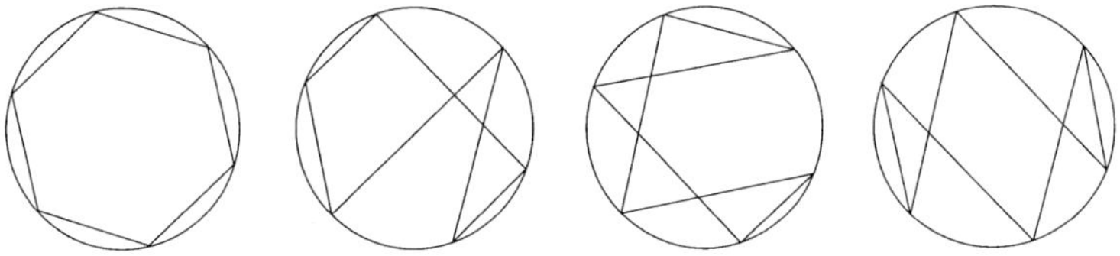

図2.18 円に内接する6辺形

問 円周上に5点が与えられている．(上の例題にならって) この5点を頂点とする5辺形はいくつあるか調べよ．さらに，それらをすべて描きあげてみよ (答は12個)．

h. 平面上に円周 S と直線 ℓ があるとき，これらの位置関係は，共有点の個数によって，次の3つの場合に分けることができる．

(1) 共有点がない．

(2) 1点を共有する　$\cdots$ 円周 S と直線 ℓ は 接する．

(3) 2点を共有する　$\cdots$ 円周 S と直線 ℓ は 交わる．

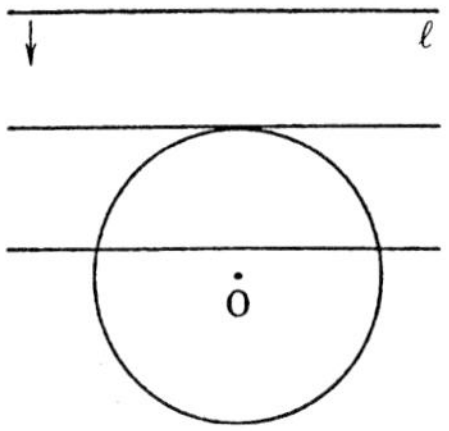

図2.19

ここで (2) の場合，直線 ℓ を円周 S の**接線**といい，共有点を**接点**という．

点 O を中心とする半径 r の円周 $S = S(\mathrm{O}, r)$ と，直線 ℓ について，点 O から ℓ に下ろした垂線の長さを h とすると，次の 3 つの場合がある．

$$h > r, \qquad h = r, \qquad h < r$$

これらが，上の (1)～(3) に対応している．つまり，次が成り立つ．

(1) $h > r \iff S$ と ℓ は共有点をもたない．

(2) $h = r \iff S$ と ℓ は接する．

(3) $h < r \iff S$ と ℓ は交わる．

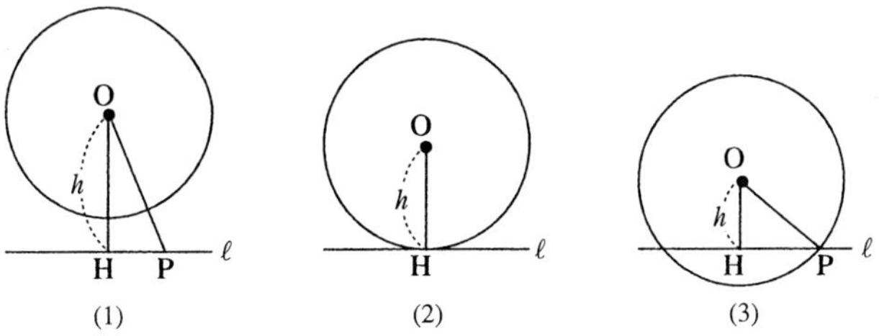

図 2.20　　　(1)　　　　　　(2)　　　　　　(3)

円周とその接線については，次のことがわかる．

i. 円周の接線の性質　(1) 円周の接線は，接点を通る半径に垂直である．

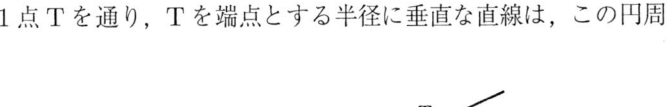

(2) 円周上の 1 点 T を通り，T を端点とする半径に垂直な直線は，この円周の接線である．

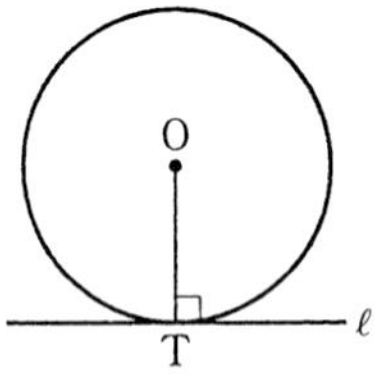

図 2.21 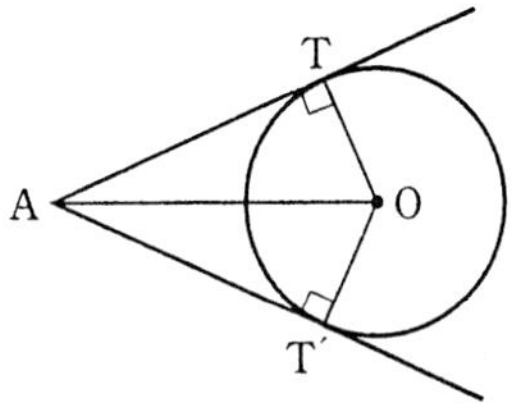　　　　　　　　図 2.22

円周 $S(\mathrm{O})$ の外部の点 A から，その円周に 2 つの接線が引ける（図 2.22）．それらの接点を T, T′ とすると，上の円周の接線の性質と次の章の直角 3 角形の合同条件（3.3 節 b）を用いることによって，$(\mathrm{AT}) = (\mathrm{AT}')$ であることがわかる．この (AT) を**接線の長さ**ということがある．

2.4 図形の移動と合同

a. 平面上において，図形の形と大きさを変えないで，位置だけを変える操作を**移動**（または，運動）という．基本となる移動には，

平行移動，　　回転移動，　　対称移動

の 3 つがある．

(1) **平行移動**：平面上で，図形を一定の方向に，一定の距離だけずらして，その図形を移すことを**平行移動**という．

この際，一定の方向を矢印で，一定の距離をその矢線の長さで示すとわかりやすい．

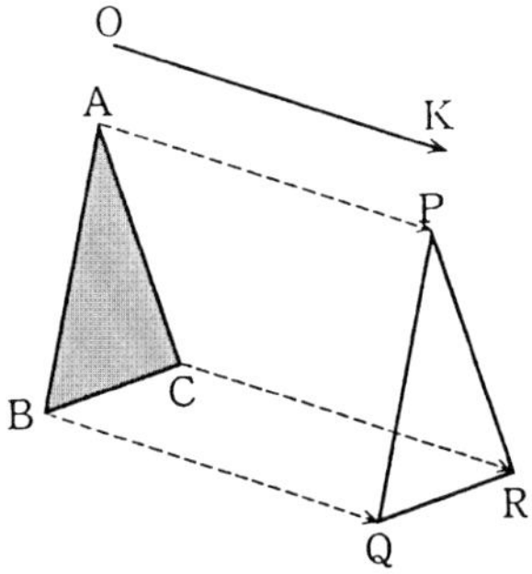

図 2.23　平行移動

(2) **回転移動**：平面上で，図形を，1 つの点 O を中心として，一定の角度だけまわして，その図形を移すことを**回転移動**という．

このとき，中心とした点 O を**回転の中心**という．

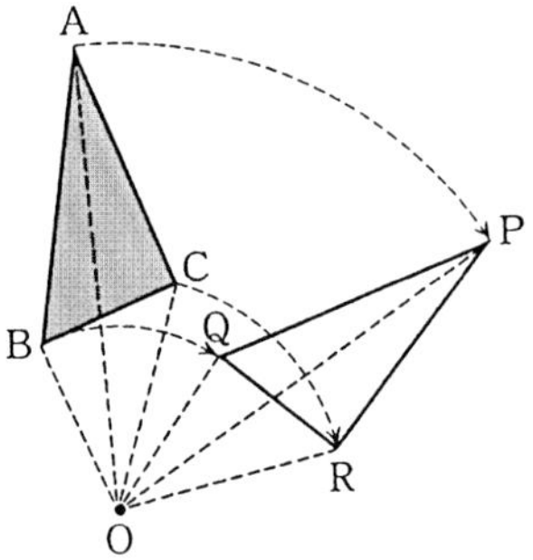

図 2.24　回転移動

24   2. 基礎的な事項

(3) **対称移動**：平面上で，図形を，1つの直線 ℓ を折り目として折り返して，その図形を移すことを**対称移動**という．

このとき，折り目とした直線 ℓ を**対称軸**という．

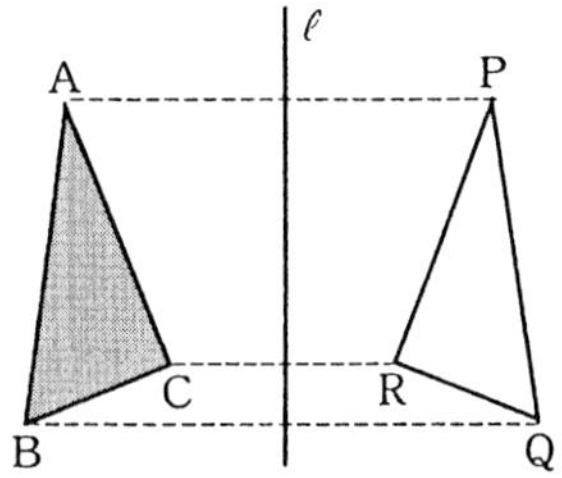

図 2.25　対称移動

図形 K が，直線 ℓ を対称軸とする対称移動によって，図形 K' に重なるとき，K と K' は直線 ℓ に関して**対称**であるという．また，図形 K が直線 ℓ を対称軸とする対称移動によって自身 K に重なるとき，K は直線 ℓ に関して**対称**であるという．円周や円盤は，その中心を通る直線に関して対称である．

(4) **練習**：次の図を参考にして，平行移動と回転移動は，それぞれ，2回の対称移動で実現できることを確かめなさい．

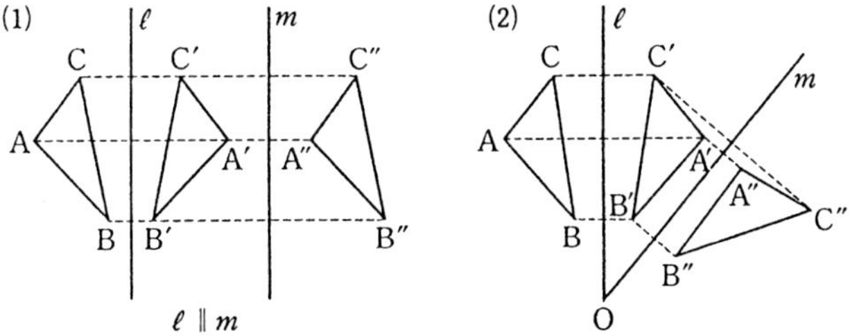

図 2.26

$\ell \parallel m$

(5) 平行移動，回転移動，対称移動の3つを適当に組み合わせて使うと，平面上の図形はどのような位置にでも移すことができる．

平面上の2つの図形 K と K' は，有限回の移動によって一方を他方に重ね合わせることができるとき，**合同**であるといい，$K \equiv K'$ で示す．

移動の際に，奇数回の対称移動を使うと，図形はいわゆる裏返しになる．2つの合同な図形 K と K' を重ね合わせる際に，対称移動を偶数回（0回も含めて）使用するとき，K と K' は「表向きの合同」，奇数回使用するとき「裏向きの合同」といって，区別することがある．

2.4 図形の移動と合同 25

2つの n 角形 $\Pi(A_1, A_2, \cdots, A_n)$ と $\Pi(B_1, B_2, \cdots, B_n)$ が合同であるとき，それらの頂点は重ね合わせたときに対応する順に並べることが多い．

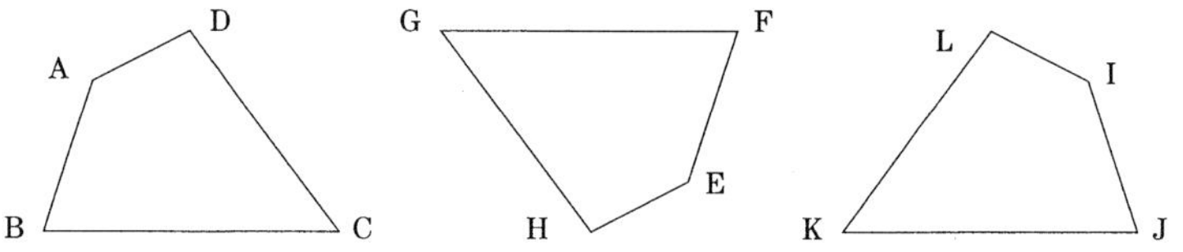

図 2.27　合同な 4 角形：□ABCD ≡ □EFGH ≡ □IJKL

(6) 合同な図形では，対応する線分の長さは等しく，また，対応する角の大きさは等しい．さらに，面積も等しい．

b. 3 角形の合同　合同な図形では，対応する辺の長さや角の大きさが等しいだけではなく，面積などいろいろな性質や計量が同じである．

ところで，2つの図形について，すべての性質や計量がわからなくても，「あるいくつかの性質や計量が等しい」ことがわかれば，合同であると断定できる場合がある．このとき，「…」を合同条件という．

ここでは，3 角形の合同条件を調べてみる．

いま，△ABC と △DEF が合同であるとする．これを重ね合わせるとき，A と D, B と E, C と F が重なるとすれば，

$$(BC) = (EF), \qquad (CA) = (FD), \qquad (AB) = (DE)$$
$$(\angle A) = (\angle D), \qquad (\angle B) = (\angle E), \qquad (\angle C) = (\angle F)$$

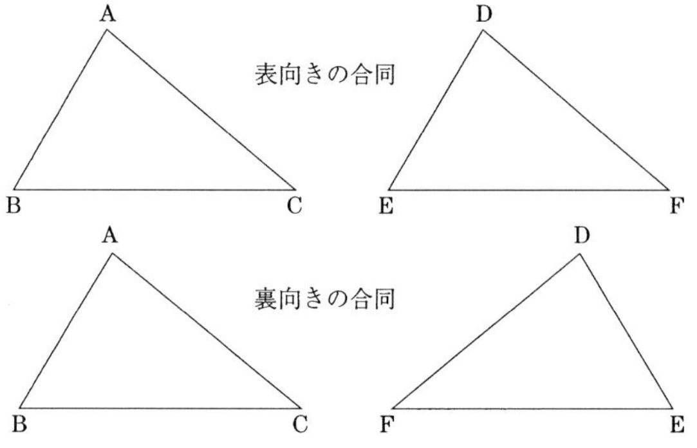

図 2.28

26   2. 基礎的な事項

さて，△ABC があり，もう 1 つの △DEF があるとする．

① (BC) = (EF), (AB) = (DE), (∠B) = (∠E) と，2 つの辺の長さがそれ
ぞれ等しく，その間の角の大きさが等しいという条件が与えられたとする．こ
の条件を満たす 3 角形は，下の図 2.29 のように，2 通り存在する．このとき，
角の条件から，この 2 つの 3 角形は，直線 EF に関して対称である．△DEF を
移動して，辺 EF を辺 BC に重ねると，2 つの 3 角形のうち，頂点 D が頂点 A
と同じ側にある方は △ABC と重なる；△DEF ≡ △ABC.

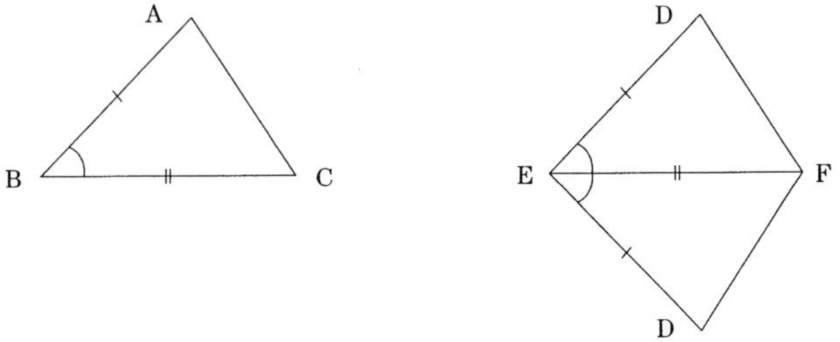

図 2.29

② (BC) = (EF), (∠B) = (∠E), (∠C) = (∠F) と，1 つの辺の長さが等
しく，その両端の角の大きさがそれぞれ等しいという条件が与えられたとする．
すると，この条件を満たす 3 角形は図 2.30 のように，2 通り存在する．この場
合も角の条件から，この 2 つは直線 EF に関して対称である．△DEF を移動し
て辺 EF を辺 BC に重ねると，2 つの △DEF のうち頂点 D が頂点 A と同じ側
にある方は △ABC と重なる；△ABC ≡ △DEF.

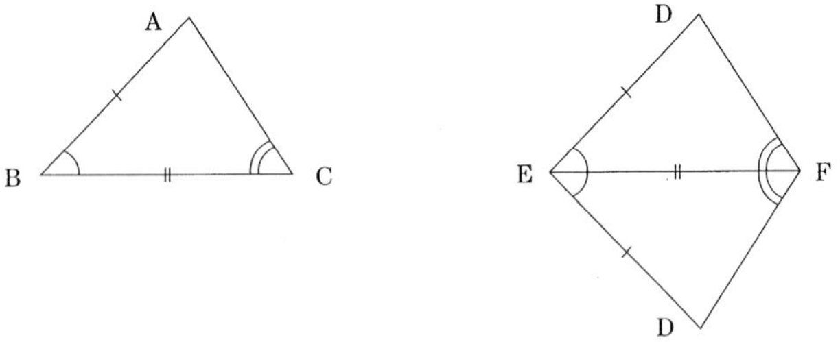

図 2.30

③ (BC) = (EF), (AB) = (DE), (CA) = (FD) と 3 つの辺の長さが等しい
という条件が与えられたとすると，この条件を満たす △DEF は，下の図 2.31

のように，2通り存在する．△DEFを移動させて，辺EFを辺BCに重ね合わせてみる．頂点Dが直線BCに関して頂点Aと同じ側にあるときは，DはAに重なる；△ABC ≡ △DEF．頂点Dが頂点Aと反対側にあるとき，実はDとAは直線BCに関して対称（この事実の証明には，2等辺3角形の性質が必要で，証明は3.2節dで与える），したがって△ABCと△DEFは直線BCに関して対称となり，△ABC ≡ △DEFが結論される．

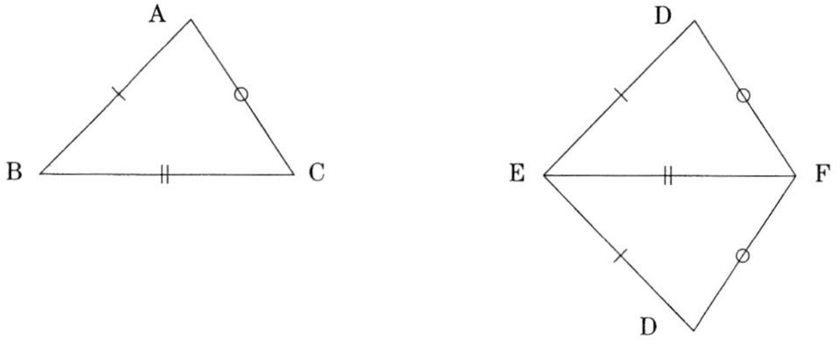

図 **2.31**

上の3つはよく知られた3角形の合同条件で，定理として述べると，次のようになる．

c. 定理（3角形の合同条件） 2つの3角形は，次の各場合に合同である．
① 2辺の長さとその間の角の大きさが等しいとき．
② 1辺の長さとその両端の角の大きさが等しいとき．
③ 3辺の長さが，それぞれ等しいとき．

注意 3角形の合同条件 ③ は，3辺の長さが与えられると，3角形の形が決まることを意味している．多角形の中で，辺の長さだけでその形が決まるのは3角形だけである．3角形については，次の3章で詳しく論ずる．

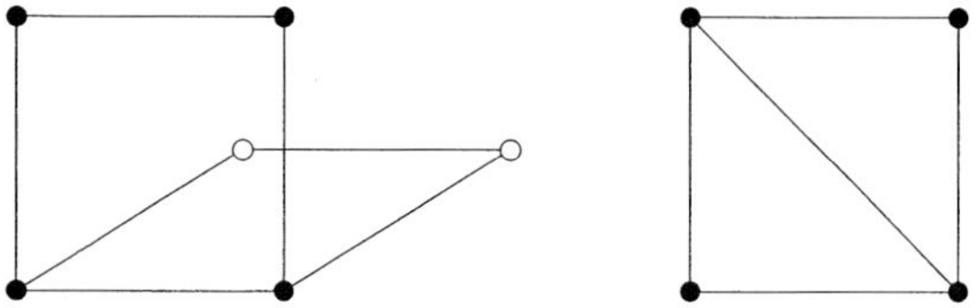

図 **2.32** 4辺形は変形するが（左）梁を入れると変形しない（右）.

2.5 作図と作図題

前節で3角形の合同条件を導く際に，定木とコンパスを用いている．図を描くには，定木，コンパス，三角定木，ものさし，分度器などの道具を使うが，幾何学では**定木**と**コンパス**だけを使って図を描くことが，**作図題**として古代ギリシャから研究されてきた．詳しく述べると次のようになる．

図形を描くに際しては，定木とコンパスだけを使い，

(1) 定木は，与えられた2点を結ぶ直線（半直線・線分）を引くこと（1章，ユークリッドの公準1を参照）にのみ用いる．

(2) コンパスは，与えられた点を中心として，与えられた半径の円周を描くこと（1章，ユークリッドの公準2を参照）にのみ用いる．

(3) 定木とコンパスの使用は有限回に限る．

以上の3つの制約を**作図の公法**という．作図の公法に従って，与えられた条件を満たす図形を描く手法を問う問題を（**幾何的**）**作図題**という．作図題を「解く」とは，定木とコンパスを有限回用いて直線や円周を描いて，直線と直線，直線と円周，円周と円周の交点を求めることによって，次々と点を定め，条件に合う図形をつくることである．

なぜ定木とコンパスなのか，それらの使用は有限回に限るとはどういうことか，などいろいろ疑問もあるが，本書では本格的な作図題は取り扱わない．しかし，次のような基本的な作図法は，存在定理も兼ねている．これらの作図法が確かに条件を満たしていることは，次の3章の定理から容易にわかる．

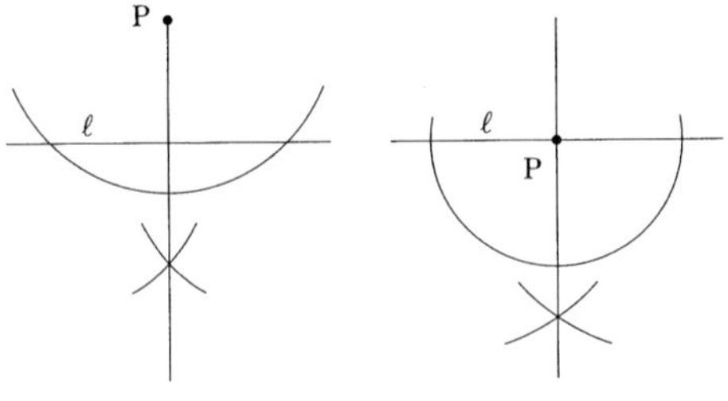

図 2.33 点 P から直線 ℓ に垂線を引く． 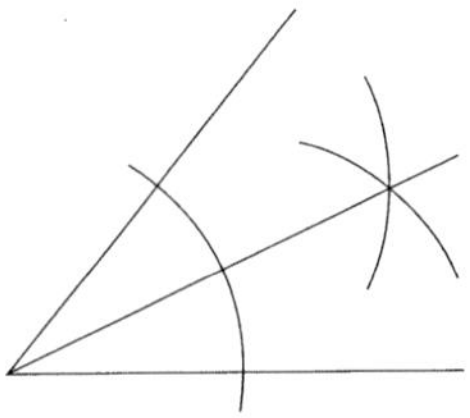　　　　　　角の2等分線

2.6 命題・論証・記号

この章の最後に，論証や記号などについて，また本書の構成などについて，説明を兼ねてまとめておく．

a. 一般に，正しいか正しくないかがはっきり決まることがらを述べた文や式を**命題**という．ある命題が正しいとき，その命題は**真**であるといい，正しくないとき，その命題は**偽**であるという．

数学では，ほとんどの命題は真であり，**定理**のかたちで与えられる．また，定理が真であることの理由を明らかにするのが**証明**であって，証明された命題が定理なのである．

数学の命題は，2つの条件 p と q について，

$$\text{「}p \text{ ならば } q \text{ である」}$$

のかたちに述べられるものが多い．このとき，p をこの命題の**仮定**，q を**結論**という．この命題を，次の記号を使って表すこともある．

$$\text{「}p \Longrightarrow q\text{」}$$

実際，この章でもすでにこの記号を使ったところがある．記号 $\Longrightarrow$ を使った方が明快な場合には，このあともしばしば使用する．

命題「$p \Longrightarrow q$」が偽であることを証明するには，「p であるが q でない」という例を1つあげればよい．このような例を**反例**という．

b. 2つの条件 p と q について，

(1)「p かつ q」というのは，p と q がともに成り立つことであり，

(2)「p または q」というのは，p と q の少なくとも一方が成り立つことである．

特に (2) については，日常的には，「p か q のどちらか一方が成り立つこと」の意味に使われるので，注意が必要である．

(3) 条件 p に対して，条件「p でない」を p の**否定**といい，$\neg p$ で表すことにする（この節だけで，あとでは用いない）．次が成り立つ．

「p かつ q」の否定は，　「$\neg p$ または $\neg q$」

「p または q」の否定は，　「$\neg p$ かつ $\neg q$」

c. 命題「$p \Longrightarrow q$」に対して，

(1) 命題「$q \Longrightarrow p$」を，「$p \Longrightarrow q$」の **逆** といい，

(2) 命題「$\neg p \Longrightarrow \neg q$」を，「$p \Longrightarrow q$」の **裏** といい，

(3) 命題「$\neg q \Longrightarrow \neg p$」を，「$p \Longrightarrow q$」の**対偶**という.

日常的にもいわれるように，命題「$p \Longrightarrow q$」が真であっても，その逆は必ずしも真ではないし，その裏も必ずしも真ではない．しかし，次が成り立つ.

(4) 命題「$p \Longrightarrow q$」が真ならば，その対偶「$\neg q \Longrightarrow \neg p$」も真であり，
　　対偶「$\neg q \Longrightarrow \neg p$」が真ならば，元の命題「$p \Longrightarrow q$」も真である.

対偶は元の命題をいい換えただけであるが，元の命題の証明より，その対偶の方が証明を書きやすいことがしばしば起こる.

d. 2つの条件 p と q について，命題「$p \Longrightarrow q$」が真であるとき，

$$p \text{ は } q \text{ であるための十分条件である}$$
$$q \text{ は } p \text{ であるための必要条件である}$$

という.

命題「$p \Longrightarrow q$」と，その逆「$q \Longrightarrow p$」がどちらも真であるとき，

$$p \text{ と } q \text{ は同値 である}$$

あるいは，

$$p \text{ は } q \text{ であるための必要十分条件である}$$
$$q \text{ は } p \text{ であるための必要十分条件である}$$

といい，

$$\text{「} p \Longleftrightarrow q \text{」}$$

で表すことがある.

e. ある命題が真であることを証明するのに，直接その命題を証明するかわりに，

「その命題が偽であると仮定すると，矛盾が生じる」
ことを示してもよい．このような証明方法を**背理法**という．

本書の中でも，背理法はしばしば登場する．

f. 目次にみられるように，本書は7つの章からなり，各章は「節」に分かれている．節はさらに「項」に分かれていて，a,b,c,··· で示される．

さて，通常の数学書がそうであるように，ある定理の証明に際しては，「そこまでで証明した定理やすでに与えた定義・用語のみを使用する」のを原則とする．そこで既出の定理などを引用する際には，2.1節 b，あるいは 3.2節 c–(1) などのように表す．

本文の中には，問，練習，問題および例題が含まれている．

「問」は，その直前の定理などから直ちに，あるいは容易にわかることがらがほとんどである．

「練習」は，「問」よりはやや難しい問題であるが，直前の定理や考え方を利用して解けるものである．

「問題」は，本格的な問題で，かなりの難問も含まれている．是非，そのうちのいくつかには挑戦してみてほしいものである．

「例題」は，定理としてもよいと思われるものも含まれ，解答も付けてある．

なお，「練習」「問題」については，必要に応じてヒントや略解などを，それぞれ巻末に付けてある．

談話室　ギリシャの作図3大難問

次の3つの作図題をギリシャの作図3大難問または3大問題といいます。いずれも作図が「不可能」であることが19世紀に証明されました。

角の3等分問題：与えられた任意の角の3等分線を作図すること。

角の2等分線の作図が簡単に解け、しかも極めて有効であることから、「それでは次に3等分は」と、自然に発生した問題としてよいでしょう。

円積問題：与えられた任意の円と等しい面積の正方形を作図すること（与えられた半径 r に対して、$x^2 = \pi r^2$ の x の作図）。

与えられた任意の多角形と等しい面積をもつ正方形が容易に作図できることや、円と正方形という美しい図形の間の関係ということで、これも自然に発生した問題と考えてよいでしょう。

立方倍積問題：与えられた任意の立方体の2倍の体積をもつ立方体を作ること（与えられた線分の長さ a に対して、$x^3 = 2a^3$ の x の作図）。

この問題の由来については、2つの有名な話が伝えられています。

〔その1〕エーゲ海文明（B.C.2000-B.C.1200）のはじめ、この文明の中心地はクノッソス（Cnossos）の大宮殿（迷宮）で有名なクレタ島であって、クレタ文明ともミノス文明ともよばれています。

クレタのミノス王（Minos, B.C.2000頃）は息子グラウコス（Gulaucus）に先立たれたので、その墓をつくらせましたが、できあがったのを見て

「王者の墳墓としてはいかにも小さすぎる。2倍の大きさにつくり替えよ」

といったといいます。

〔その2〕時代は下って……エーゲ海のデロス島（Delos）に伝染病が大流行しました（B.C.430頃、ペストとも天然痘ともいう）。人々は困り果てて、アポロ（Apollon）の神託をうかがったところ、神官のお告げは

「アポロ神の祭壇（立方体でできている）を2倍にせよ」

ということでした。そこで各稜の長さを2倍（体積は8倍）にしたのですが、これでは神を慰めることができず、伝染病はますますその猛威をふるうようになったそうです。困ったデロス島の人々は、ついにアカデミア（Akademeia）の創始者で大哲学者のプラトンにその解決をもち込んだそうです。このことから、立法倍積問題はデロスの問題ともいわれています。

3

3　角　形

◇ この章では，平面幾何における最も基本的な図形である 3 角形について調べま
◇ す．この章も後半のための準備や予備知識がほとんどです．定理と証明が続きま
◇ すが，知っていることも多いかと思います．

3.1　3 角 形 の 角

a.　まず，3 角形にかかわる角や辺のよび名などから始めよう．

△ABC を考える．A, B, C が頂点で，線分 AB, BC, CA がその辺であった．
2 つの辺のつくる角のうち，△ABC の内部を含む方がこの 3 角形の**角**である
が，**内角**または**頂角**ともいう．この 3 つの内角を ∠A, ∠B, ∠C で表す．

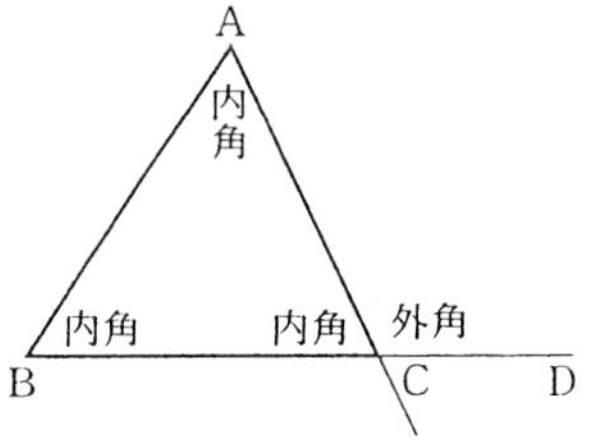

図 **3.1**　3 角形の内角と外角 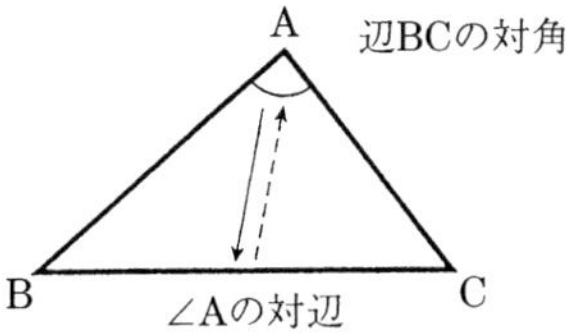　　　　図 **3.2**　対辺と対角

△ABC において，辺 BC の延長上に点 D をとるとき，∠ABC およびその対
頂角を，頂点 C における（または，頂角 C の）**外角**という．頂点 A, B におけ
る外角も同じように定める．

△ABC において，∠A に対し，辺 BC をその**対辺**，辺 BC に対し，∠A をそ
の**対角**という．

b. 定理 (1) 3 角形の 1 つの外角の大きさは，その隣にない 2 つの内角の大きさの和に等しい．

(2) 3 角形の 3 つの内角の大きさの和は 180°である．

証明 △ABC において，図 3.3 のように，辺 BC の延長上に点 D をとる．また，点 C を通り辺 BA に平行な直線 CE を ∠ACD の内部に引く．

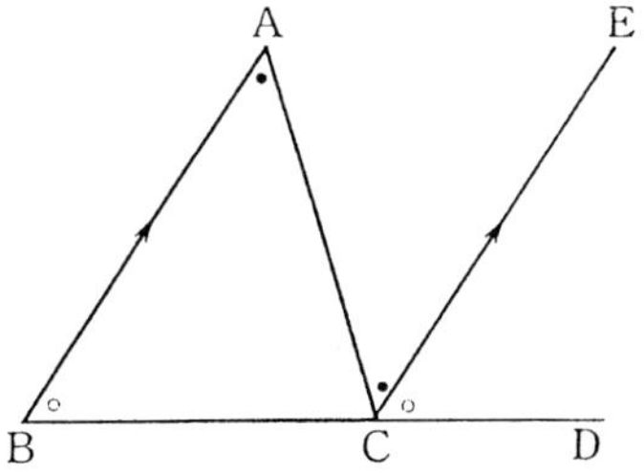

（図 省略 — B, C, D, A, E）

図 **3.3**

BA ∥ CE より

$$(\angle A) = (\angle ACE) \ (錯角), \qquad (\angle B) = (\angle ECD) \ (同位角)$$

したがって，

1) $(\angle A) + (\angle B) = (\angle ACE) + (\angle ECD) = (\angle ACD)$

2) $(\angle A) + (\angle B) + (\angle C) = (\angle ACD) + (\angle C) = (\angle BCD) = 180°$　♡

この定理は 1 章で紹介したように，ユークリッドの『原論』の命題 32 であり，平行線の公理と同値な命題としても知られている．

c. 角 α について，

1) $0° < \alpha < 90°$ のとき，α は**鋭角**．

2) $\alpha = 90°$ のとき，α は**直角**．

3) $90° < \alpha < 180°$ のとき，α は**鈍角**．

であるという．

上の定理 3.1 節 b によって，3 角形の内角の大きさは，0°より大きく 180°より小さい．よって，3 角形の内角は，鋭角，直角，鈍角のどれかである．しかも，定理 3.1 節 b によって，3 角形の 2 つ以上の内角が直角または鈍角となることはない．

そこで，3 角形は，その内角の大きさによって，次のように分類される．

3.2 2等辺3角形 35

1) 3つの内角がすべて鋭角の3角形　・・・**鋭角3角形**.

2) 1つの内角が直角の3角形　　　・・・**直角3角形**.

3) 1つの内角が鈍角の3角形　　　・・・**鈍角3角形**.

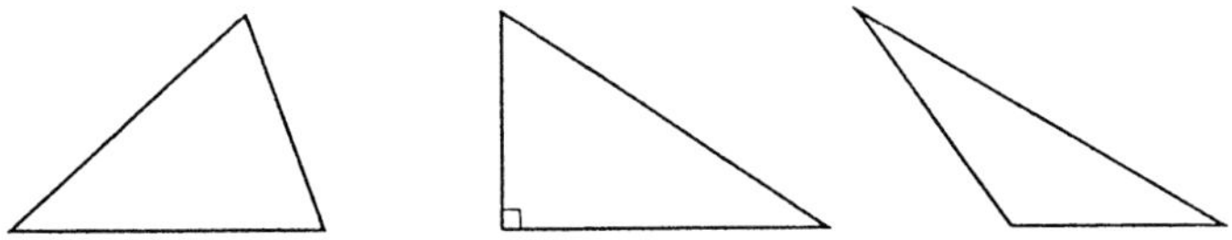

図 **3.4**　　　鋭角三角形　　　　　　直角三角形　　　　　　鈍角三角形

3.2　2 等 辺 3 角 形

a.　2つの辺の長さが等しい3角形を **2等辺3角形**という.

2等辺3角形において，長さの等しい2辺の間の角を**頂角**，頂角に対する辺を**底辺**，底辺の両端の角を**底角**という.

2等辺3角形は，円周との関連で今後何度も登場する重要な図形である.

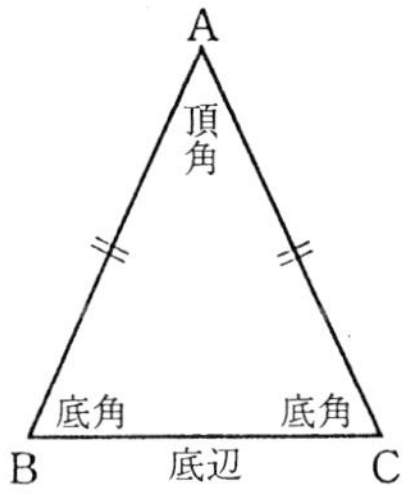

図 **3.5**　2等辺3角形 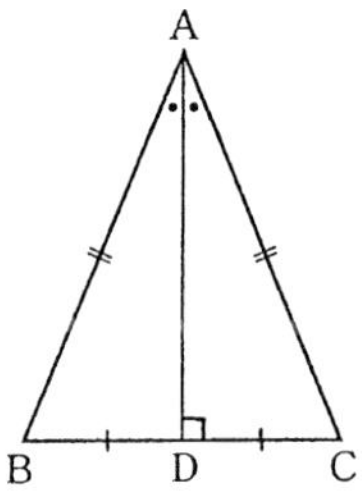　　　　　図 **3.6**

次の定理が基本になる.

b.　定　理　(AB) = (AC) である2等辺3角形 ABC では，次の直線はすべて一致する.

(1) 頂角 ∠A を2等分する直線.

(2) 頂点 A から底辺 BC に下した垂線.

(3) 頂点 A と底辺 BC の中点 D を結ぶ直線.

(4) 底辺 BC を垂直に2等分する直線.

証明 頂角 A の 2 等分線を引き，底辺 BC との交点を D とする．(図 3.7)
△BAD と △CAD において，

$$(\angle BAD) = (\angle CAD), \quad 辺\ AD\ は共通， \quad (AB) = (AC)$$

よって，3 角形の合同条件 (2.4 節 c–①) から，△ABD ≡ △ACD.

ゆえに，$(BD) = (CD)$ であるから，D は辺 BC の中点である．

また，$(\angle ADB) = (\angle ADC)$ でもある．$(\angle ADB) + (\angle ADC) = 2\angle R$ より，$(\angle ADB) = (\angle ADC) = \angle R$.

よって，AD ⊥ BC．つまり，AD は辺 BC の垂直 2 等分線である．　　♡

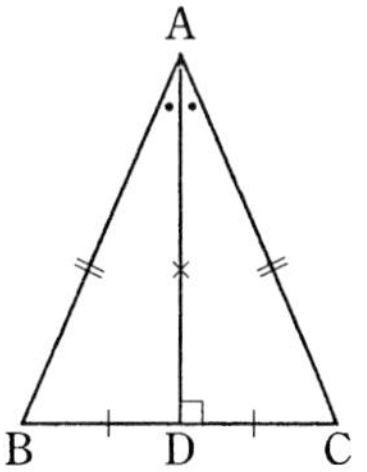

図 3.7 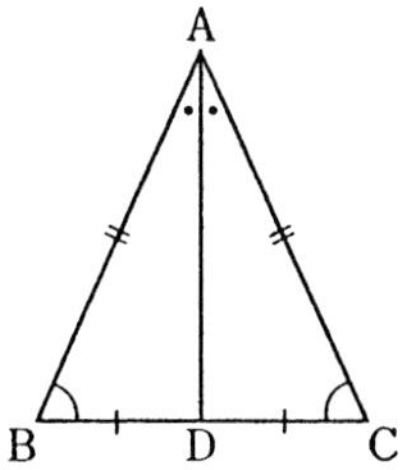　　図 3.8

c.　定理 (2 等辺 3 角形の性質)　(1) 2 等辺 3 角形の 2 つの底角の大きさは等しい．

(2) 3 角形において，2 つの内角の大きさが等しければ，これに対する辺の長さも等しい．

証明　(1) 上の定理の証明において，△ABD ≡ △ACD であったので，対応する角について，$(\angle B) = (\angle C)$ が示されている．

(2) △ABC において，$(\angle B) = (\angle C)$ とする．頂角 A の 2 等分線を引き，底辺 BC との交点を D とすれば (図 3.8)，

$$(\angle B) = (\angle C), \quad (\angle BAD) = (\angle CAD)$$

だから，△ABD と △ACD に定理 (3.1 節 b) を適用すると，

$$(\angle ADB) = (\angle ADC)$$

よって，3 角形の合同条件 (2.4 節 c–②) より，△ABD ≡ △ACD.

したがって，$(AB) = (AC)$.　　♡

d.　覚　書　(1) 2 章の線分の垂直 2 等分線の性質 (2.3 節 c) は，上の定理 3.2 節 b から，直ちに証明される．

3.2 2 等辺 3 角形　　　　　37

(2) 上の 2 つの定理の証明に，3 角形の合同条件 (2.4 節 c) を使用したが，その証明を後回しにした 2.4 節 b–③ の場合は使用していない．ここでその ③ 証明を与える．少々離れているが，③ の記号をそのまま使用することにする．

△ABC と △DEF において，(BC) = (EF) だから，△DEF を移動させて，辺 BC と辺 EF を重ね合わせる．必要ならば，△DEF を対称移動で反転させて，点 D が直線 BC に関して点 A と反対側にあるようにする．

直線 AD が点 B または点 C を通る場合：△ADC は 2 等辺 3 角形となるから，上の定理 (3.1 節 b–(1)) によって，

$$(\angle \mathrm{BAC}) = (\angle \mathrm{BDC})$$

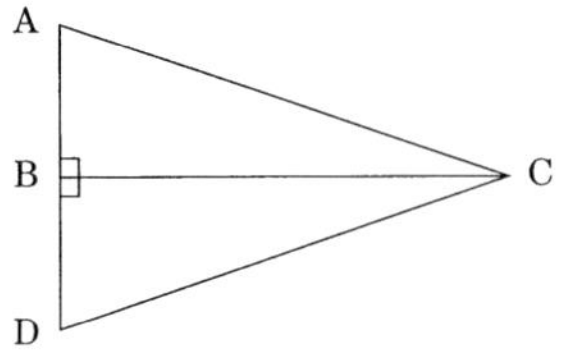

図 3.9

直線 AD が点 B も点 C も通らない場合：△BAD，△CAD はいずれも 2 等辺 3 角形だから，再び定理 3.1 節 b–(1) によって，

$$(\angle \mathrm{BAD}) = (\angle \mathrm{BDA}), \qquad (\angle \mathrm{CAD}) = (\angle \mathrm{CDA})$$

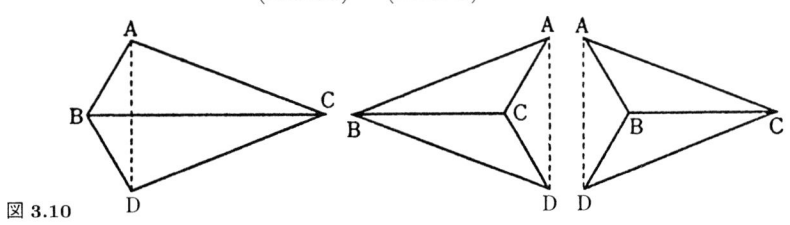

これから，下のどの図の場合も，

$$(\angle \mathrm{BAC}) = (\angle \mathrm{BDC})$$

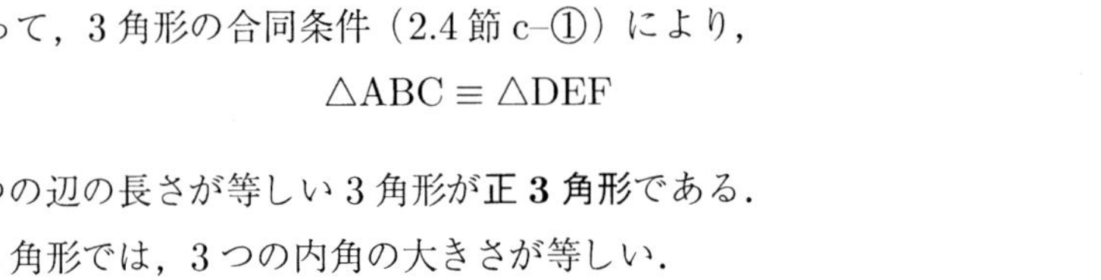

図 3.10

したがって，3 角形の合同条件 (2.4 節 c–①) により，

$$\triangle \mathrm{ABC} \equiv \triangle \mathrm{DEF}$$

e. 3 つの辺の長さが等しい 3 角形が**正 3 角形**である．

1) 正 3 角形では，3 つの内角の大きさが等しい．

2) 3 つの内角の大きさが等しい 3 角形は，正 3 角形である．

38   3. 3   角   形

3.3   直 角 3 角 形

a.   直角 3 角形では，直角である角の対辺を斜辺という.

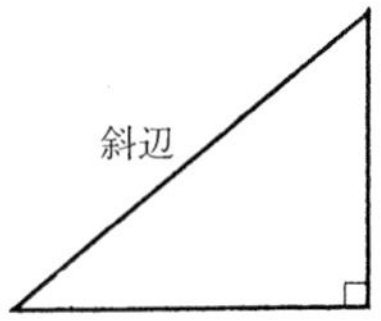

斜辺

図 3.11

上の定理 3.1 節 b–(2) から，△ABC において，次のことが成り立つ.
$$(\angle A) = 90° \iff (\angle B) + (\angle C) = 90°$$
直角 3 角形のこの簡単な性質は，この後でもよく使われる. 実際，直角 3 角形では，残りの 2 つの内角のうちの 1 つの大きさがわかれば，他の内角の大きさもわかる，つまり，すべての内角の大きさがわかることになる.

例えば，3 角形に "直角" という性質を加えれば，合同条件も次のように簡単になる.

b.   直角 3 角形の合同条件   2 つの直角 3 角形は，次の各場合に合同である.
① 斜辺の長さと 1 つの鋭角の大きさが，それぞれ等しい.
② 斜辺の長さと他の 1 辺の長さが，それぞれ等しい.

証明   ① 1 つの鋭角の大きさが等しければ，残りの鋭角の大きさも等しくなる. したがって，3 角形の合同条件 (2.4 節 c–②) より，結論が得られる.

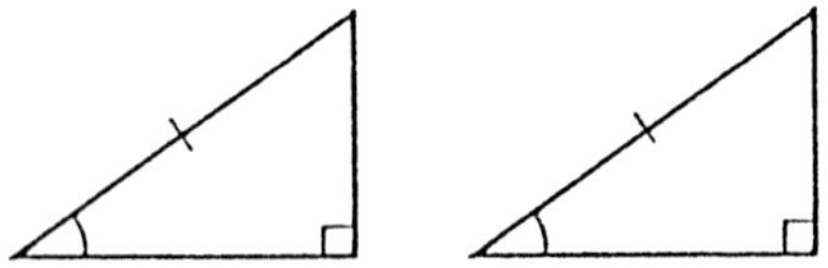

図 3.12

② △ABC と △DEF において，
$$(\angle C) = (\angle F) = 90°, \qquad (AB) = (DE)$$
とする. △DEF を移動して辺 AC と辺 DF を重ねる. 必要ならば，△DEF を対称移動によって裏返し，E が直線 AC に関して B と反対側にあるようにでき

る．$(\angle C) = (\angle F) = 90°$ だから，点 B, C, E は一直線上に並び，$\triangle ABE$ が得られる．ここで $(AB) = (DE)$ だから，これは 2 等辺 3 角形で，定理 3.2 節 c-(1) により，$(\angle B) = (\angle E)$ である．したがって，上の ① より，$\triangle ABC \equiv \triangle DEF$ が結論される．　　♡

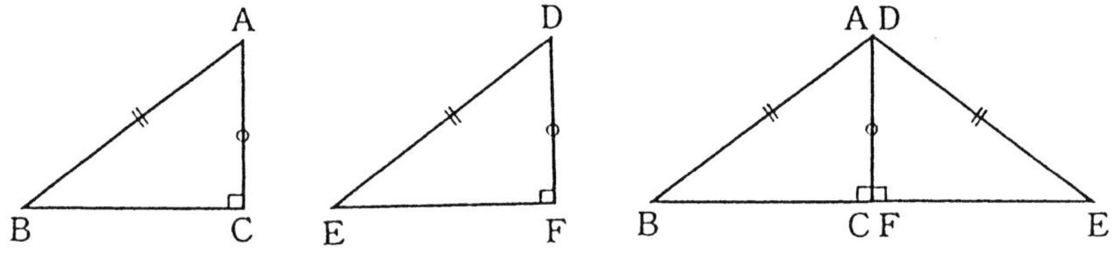

図 3.13

この直角 3 角形の合同条件を使えば，2.5 節で示した「角の 2 等分」の作図が理に適っていることは容易に証明される．実際，次がわかる．

c. 定 理　(1) 角の 2 等分線上の点は，角の 2 辺から等距離にある．

(2) 角の内部にあって，角の 2 辺から等距離にある点は，角の 2 等分線上にある．

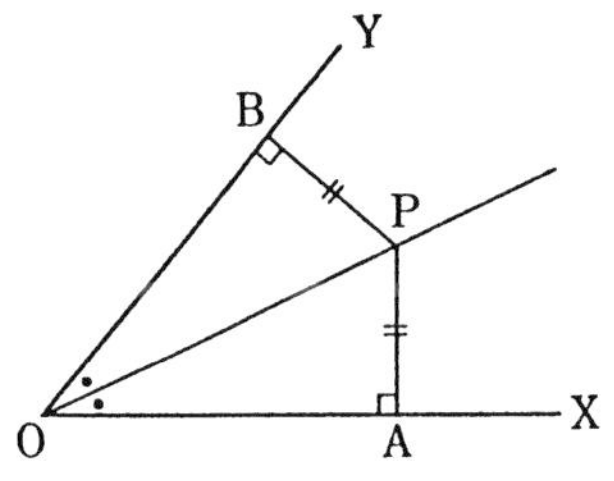

図 3.14

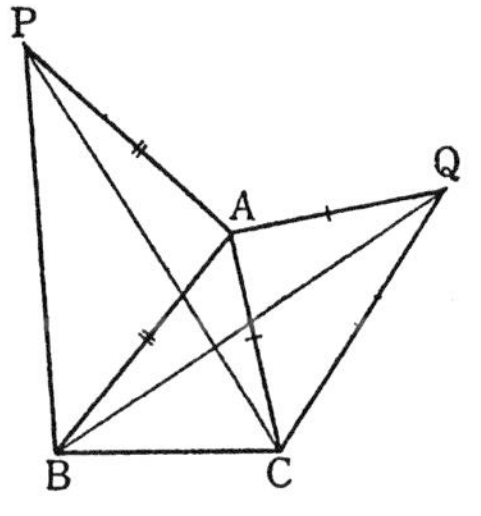

図 3.15

頂角が直角であるような 2 等辺 3 角形を**直角 2 等辺 3 角形**という．

2 等辺 3 角形と直角 3 角形が出たところで，練習問題を出そう．

d. 練 習　$\triangle ABC$ の外部に，A を直角の頂点とする 2 つの直角 2 等辺 3 角形 ABP, ACQ がある．このとき，次のことを証明せよ（図 3.15）．

1) $(BQ) = (CP)$

2) $(\angle ABQ) = (\angle APC)$

3) $BQ \perp CP$

40   3. 3　角　形

3.4　3角形の辺と角の大小

　2等辺3角形では，等しい辺の対角は等しく，その逆も成り立った．ここで
は，一般の3角形で，辺と角の大小関係を調べてみよう．

　△ABCにおいて，∠Aの対辺BCの長さをaで，∠Bの対辺CAの長さをb
で，∠Cの対辺ABの長さをcで表すことが多い．本書もその例にならう．

$$(BC) = a, \qquad (CA) = b, \qquad (AB) = c$$

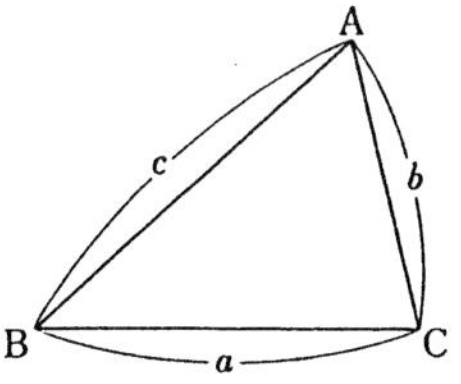

図 3.16

次は，経験的に当たり前であるが，この節の主定理である．

a.　定　理　△ABCにおいて，

$$(AC) = b \geq c = (AB) \quad \Longleftrightarrow \quad (\angle B) \geq (\angle C)$$

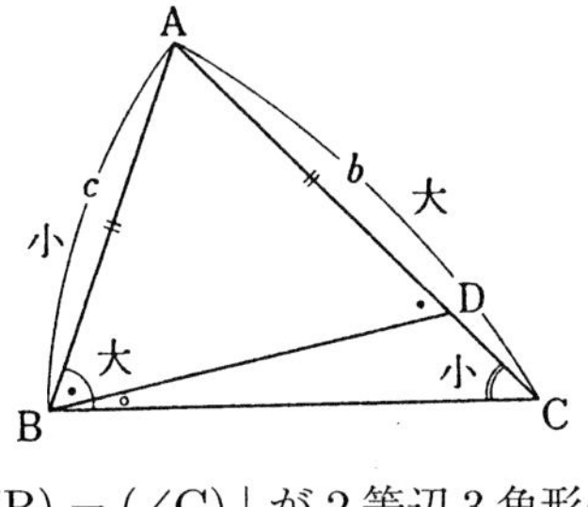

図 3.17

証明　「$b = c \Longleftrightarrow (\angle B) = (\angle C)$」が2等辺3角形の性質（3.2節 c）であっ
たので，「$b > c \Longleftrightarrow (\angle B) > (\angle C)$」を証明すればよい．

　〔$\Longrightarrow$ の証明〕$b > c$より，辺AC上に，$(AB) = (AD)$となる点Dをとるこ
とができる．△ABDは2等辺3角形だから，

$$(\angle ABD) = (\angle ADB) \qquad \cdots ①$$

ところで∠ADBは△DBCの∠BDCの外角だから，定理3.1節 b–(1) より

$$(\angle ADB) > (\angle C) \qquad \cdots ②$$

また，点Dは辺AC上にあるから，BDは∠Bの内部にあるので，

$$(\angle B) > (\angle ABD) \qquad \cdots ③$$

①〜③ より，$(\angle B) > (\angle C)$.

〔$\Longleftarrow$ の証明〕$(\angle B) > (\angle C)$ であって，$b > c$ でないとすると，次のどちらかが成立する．

$$(1)\ b = c \qquad (2)\ b < c$$

(1) が成り立つとすると，定理 3.2 節 c–(1) から，$(\angle B) = (\angle C)$.

(2) が成り立つとすると，前半で示したことから，$(\angle B) < (\angle C)$.

どちらの場合も，仮定 $(\angle B) > (\angle C)$ に反する．

よって，$b > c$ でなければならない． ♡

この定理から，次のことは直ちにわかる．

b. (1) 直角 3 角形における 3 辺のなかでは斜辺が最大である．鈍角 3 角形における 3 辺のなかでは，鈍角の対辺が最大である．

(2) 1 点 P から直線 ℓ 上の点に至る線分のなかでは，P から ℓ に下ろした垂線が最も短い（この垂線の長さが，P と ℓ の距離であった）． ♡

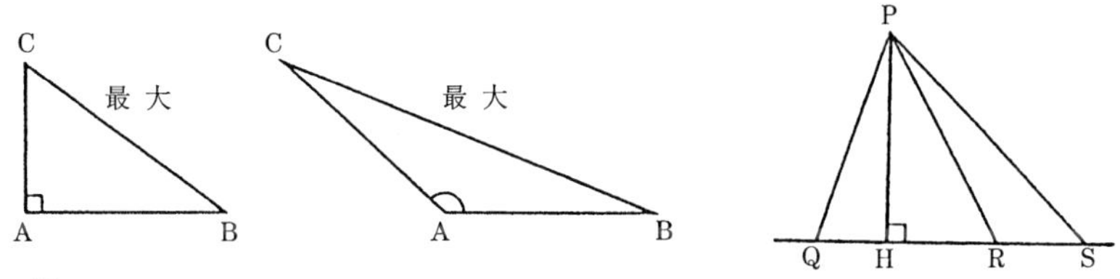

図 3.18

上の定理 a を利用して，3 角形の辺に関する性質を導こう．

c. 定 理 3 角形の 2 辺の長さの和は，残りの辺の長さより大きい．

つまり，$\triangle ABC$ において，次が成り立つ．

$$b + c > a, \qquad c + a > b, \qquad a + b > c$$

証明 $\triangle ABC$ において，$b + c > a$ を示せばよい．

辺 BA を A の方に延長し，その上に $(AD) = b$ となる点 D をとる（次ページの図 3.19 参照）．

すると，定理 3.2 節 c–(1) より，$(\angle D) = (\angle ACD)$.

点 A は $\triangle BCD$ の辺 BD 上にあるから，$(\angle BCD) > (\angle ACD) = (\angle D)$.

42   3. 3   角   形

△BCD に上の定理 c を適用して，(BC) $<$ (BD) $=$ (BA) $+$ (AD).

したがって，$a < b + c$.　　♡

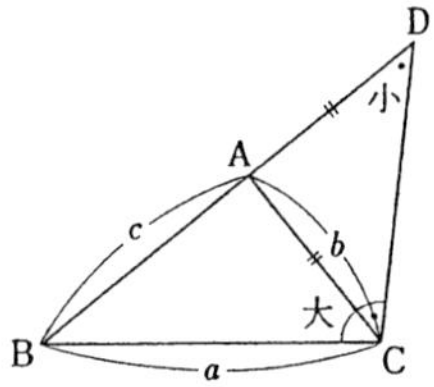

図 3.19

注意　上の証明では，△ABC において $b + c > a$ を示したが，a, b, c の大小や∠A, ∠B, ∠C の大小などに特別な条件を付けずに証明したので，これで定理の証明が完了している．もちろん，残りの 2 つの場合も同様にして証明される．同じような事情は，すでに定理 3.1 節 b においても生じている．

　△ABC において，上の定理から，

$b \geq c$ のとき，$a + c > b$ より，$a > b - c$

$b < c$ のとき，$a + b > c$ より，$a > c - b$

が成り立つ．このことは，次のように述べることができる．

d.　定　理　3 角形の 2 辺の長さの差は，残りの辺の長さより小さい．

つまり，△ABC において，次が成り立つ．

$$a > |b - c|, \qquad b > |c - a|, \qquad c > |a - b| \qquad ♡$$

3 角形の 3 辺の長さに関する上の 2 つの性質は，3 角形が存在するための十分条件でもある．つまり，次のことがいえる．

e.　定　理　長さが a, b, c である 3 つの線分が与えられたとき，これらの線分を 3 辺とする 3 角形が存在するための条件は，$b + c > a > |b - c|$ である．

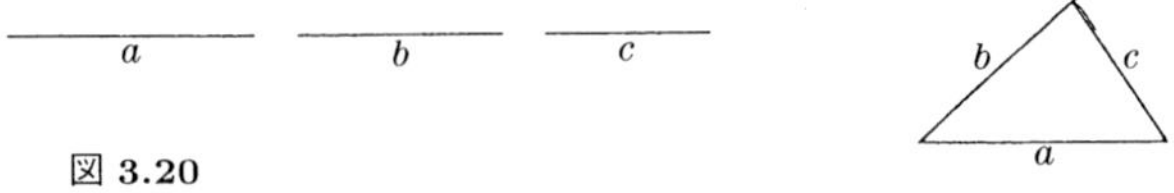

図 3.20

証明　(BC) $= a$ とおき，点 B, C を中心として，それぞれ，半径 c, b の円周を描く．$b + c > a$, $a > b - c$, $a > c - b$ だから，これら 2 つの円周は 2 点で交わる（次章 4.3 節の，「2 つの円周の位置関係」を参照）．この交点の 1 つを A とすれば，求める △ABC が得られる．　　♡

3.5 平行4辺形

a. 4辺形 $C(A, B, C, D)$ において，隣り合わない2頂点の対 A と C，B と D を，互いに，**対角**，隣り合わない2辺の対 AB と CD，BC と DA を，互いに，**対辺**という．

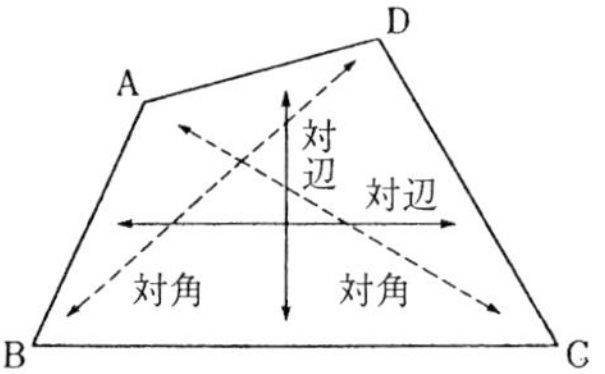

図 3.21

対角を結ぶ線分 AC と BD を，この4辺形の**対角線**という．

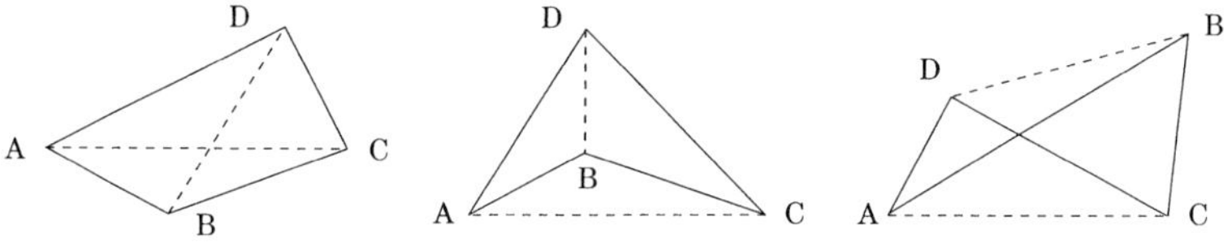

図 3.22

2組の対辺がそれぞれ平行である4辺形を**平行4辺形**という．平行4辺形のは対辺は交差しないから，平行4辺形はすべて単純4辺形である．

この章の最初の定理3.1節 b の証明でも用いたように，2章の平行線の性質（2.1節 e）は基本的であり，この平行線の性質を具現しているのが平行4辺形である．そんなわけで，平行4辺形の性質をこれからしばしば使うことになる．

b. **定理（平行4辺形の性質）** 平行4辺形においては，次が成り立つ．

(1) 2組の対辺の長さは，それぞれ等しい．

(2) 2組の対角の大きさは，それぞれ等しい．

(3) 2本の対角線は，互いに他を2等分する．

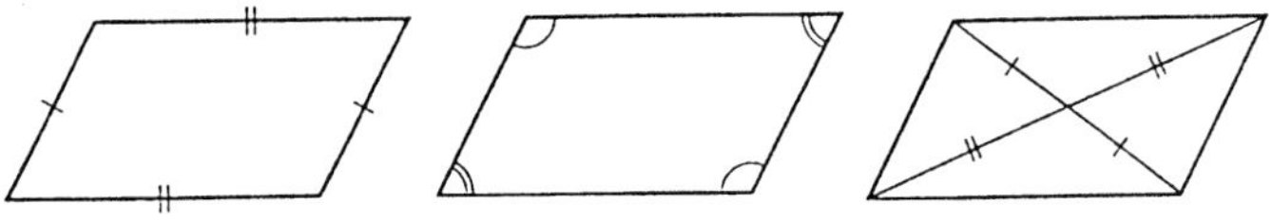

図 3.23

証明 単純 4 辺形 $C(A, B, C, D)$ で，$AB \| DC$，$AD \| BC$ とする．

〔(1), (2) の証明〕$\triangle ABC$ と $\triangle CDA$ において，

$$AB \| DC \quad \text{だから，} \quad (\angle BAC) = (\angle DCA) \quad \cdots ①$$
$$AD \| BC \quad \text{だから，} \quad (\angle BCA) = (\angle DAC) \quad \cdots ②$$
$$\text{また，} \quad (AC) = (CA) \quad \cdots ③$$

したがって，3 角形の合同条件（2.4 節 c–②）により，

$$\triangle ABC \equiv \triangle CDA$$

よって，$\quad (AB) = (CD), \quad (BC) = (DA), \quad (\angle B) = (\angle D)$

$$(\angle A) = (\angle BAC) + (\angle DAC) = (\angle DCA) + (\angle BCA) = (\angle C)$$

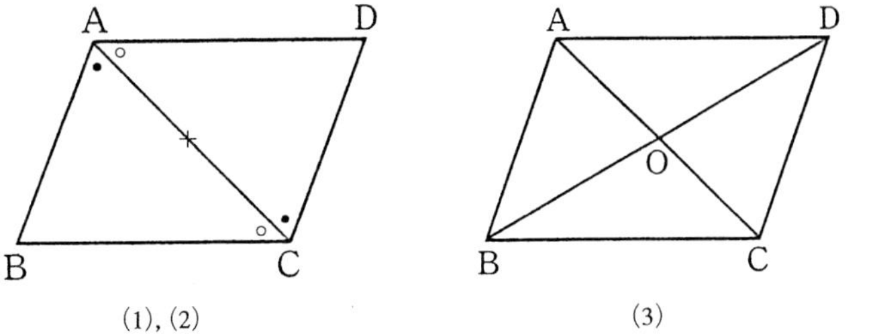

(1), (2)　　　　　　　　(3)

図 **3.24**

〔(3) の証明〕対角線の交点を O とする．$\triangle ABO$ と $\triangle CDO$ において，

$$AB \| DC \quad \text{だから，} \quad (\angle BAO) = (\angle DCO) \quad \cdots ①$$
$$(\angle ABO) = (\angle CDO) \quad \cdots ②$$
$$\text{また，上で示したことから，} \quad (AB) = (CD) \quad \cdots ③$$

したがって，3 角形の合同条件（2.4 節 c–①）により，

$$\triangle ABO \equiv \triangle CDO$$

よって，$(AO) = (CO), (BO) = (DO).$　　♡

平行 4 辺形はこのように多くの性質をもつが，逆に，これらの性質の，ある一部分が成り立てば，平行 4 辺形になることがわかる．

c．定理（平行 4 辺形になる条件） 単純 4 辺形で，次の (1)〜(4) のどれか 1 つが成り立てば，この単純 4 辺形は平行 4 辺形である．

(0) 2 組の対辺が，それぞれ平行である（定義）．

3.5 平行4辺形

(1) 1組の対辺が平行で，その長さが等しい．

(2) 2組の対辺の長さが，それぞれ等しい（定理3.5節b–(1)の逆）．

(3) 2組の対角の大きさが，それぞれ等しい（定理3.5節b–(2)の逆）．

(4) 2本の対角線が互いに他を2等分する（定理3.5節b–(3)の逆）．

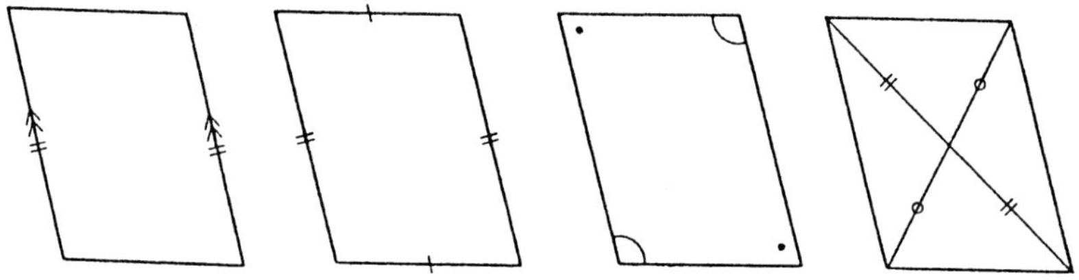

図 3.25　(1)　　　　(2)　　　　(3)　　　　(4)

　証明は，いずれもやさしいので，省略する．(1)と(2)では，対角線を1本引いてみる．(4)では，見えている3角形に注目する．いずれも，3角形の合同条件を利用し，最後は定義の(0)が成り立つことを示せばよい．(3)では隣り合う角の和に注目して，(0)が成り立つことを示す．　　♡

　次の定理は，これまで暗黙のうちに認めてきたものであるが，平行4辺形の性質を使うと，容易に証明される．

d. 定 理　(1) 2つの直線 ℓ と m が平行であるとき，ℓ の上の任意の点から，m へ下した垂線の長さは一定である（この一定の長さが，平行線 ℓ と m の距離であった（2.1節f））．

(2) 直線 ℓ から一定の距離 d にある点の集合は，ℓ と平行な2直線で，いずれも ℓ との距離が d である．

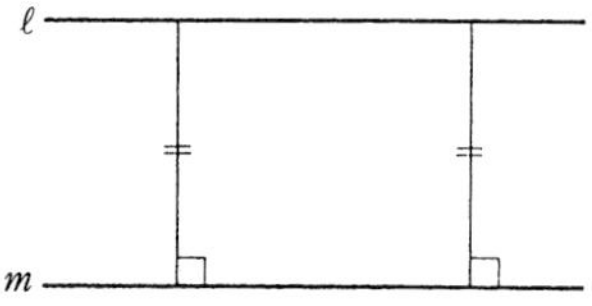

図 3.26

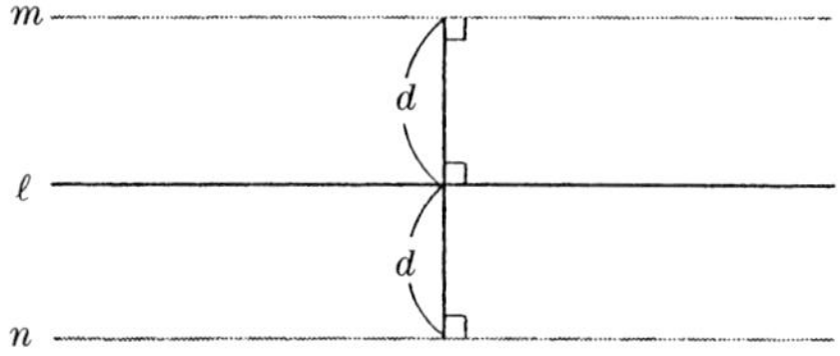

図 3.27

46　　　　　　　　　　3. 3　角　　形

e. 特別な平行 4 辺形（長方形・菱形・正方形）　日常生活でもしばしば登場する長方形，菱形，正方形は，平行 4 辺形の特別な場合と考えられる.

1) 平行 4 辺形において，1 つの角が直角であれば，すべての角が直角である．このような 4 辺形が**長方形**であった.

2) 平行 4 辺形において，隣り合う 2 辺の長さが等しければ，4 辺の長さが等しい．このような平行 4 辺形を**菱形**という.

3) 長方形でもあり，菱形でもあるような平行 4 辺形が**正方形**である．つまり，4 つの角の大きさが等しく，4 つの辺の長さが等しい 4 辺形が正方形である.

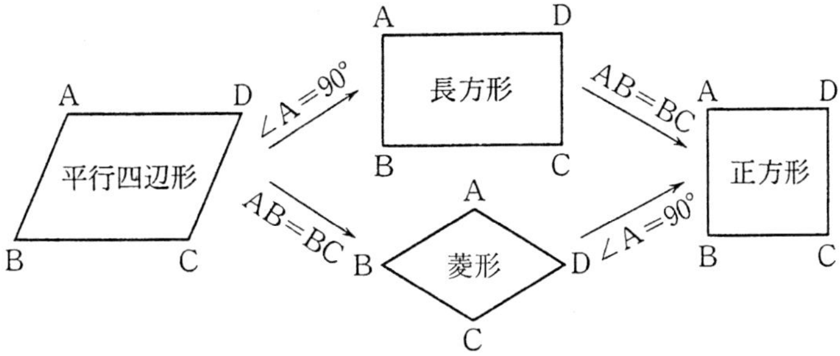

図 3.28

4) **問**：次の性質は，容易に証明される．図を参考にして，証明を試みよ.

a) 長方形の 2 つの対角線の長さは等しい.

b) 2 つの対角線の長さが等しい平行 4 辺形は，長方形である.

c) 菱形の 2 つの対角線は直交する.

d) 2 つの対角線が互いに直交する平行 4 辺形は，菱形である.

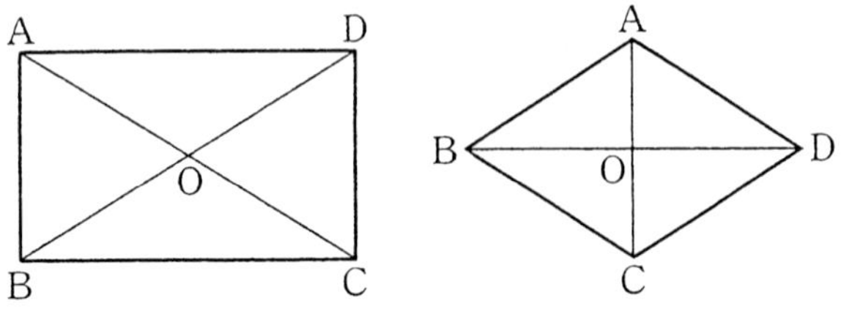

図 3.29

3.5 平行 4 辺形　　47

平行 4 辺形の性質を利用して，3 角形に関する定理をいくつか導こう．

f.　定理（3 角形の垂心）　△ABC の頂点 A, B, C から対辺 BC, CA, AB に下ろした垂線 AD, BE, CF は 1 点で交わる．この交点を，△ABC の垂心という．

証明　頂点 A, B, C を通って，それぞれ，対辺 BC, CA, AB に平行な直線を引き，下図のような △LMN をつくる．

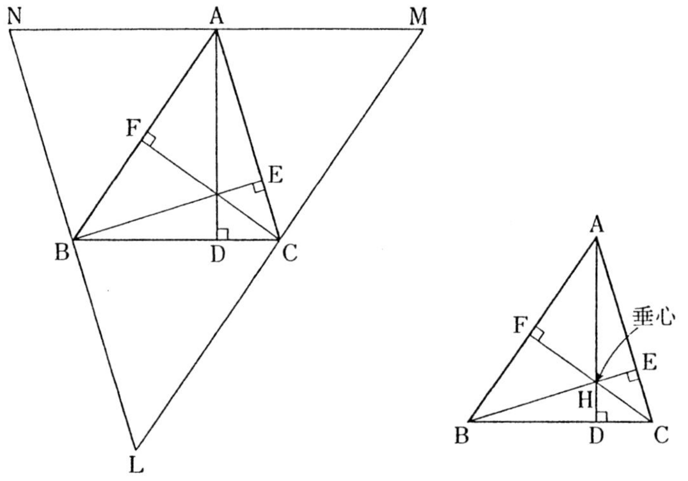

図 3.30

4 辺形 NBCA, ABCM は平行 4 辺形だから，

$$(NA) = (BC), \qquad (AM) = (BC)$$

となり，

$$(NA) = (AM)$$

また，AD ⊥ BC, BC ∥ NM から，AD ⊥ NM.

よって，AD は辺 NM の垂直 2 等分線である．

同様に，BE, CF は，それぞれ，辺 NL, LM の垂直 2 等分線である．

したがって，AD, BE, CF は，△LMN の 3 辺の垂直 2 等分線になるから，△LMN の外心で交わる（2.3 節 c を参照のこと）．　　♡

1) 問：直角 3 角形の垂心はどこにあるか．

2) 問：△ABC の垂心を H とすれば，点 A は △HBC の垂心であることを，上の図 3.30 を見て，確かめよ．

g. 定理（3角形の中点連結定理） △ABC において，辺 AB, AC の中点を，それぞれ，M, N とすると，次が成り立つ.

$$\text{MN} \parallel \text{BC}, \qquad (\text{MN}) = \frac{1}{2}(\text{BC})$$

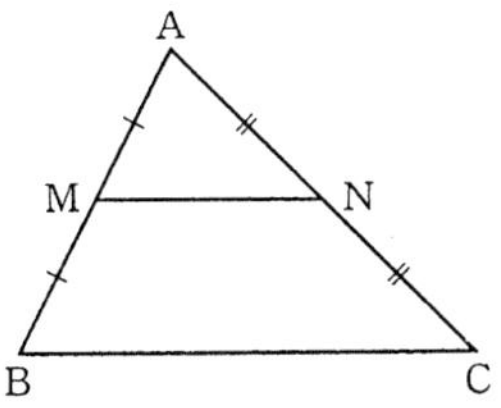

図 3.31

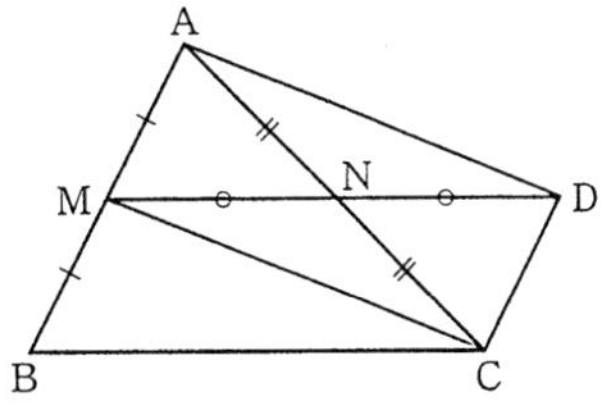

図 3.32

証明 MN の延長上に点 D を，(MN) = (ND) となるようにとると（図 3.32），線分 AC と MD は互いに他を 2 等分する. 定理 3.5 節 c-(4) によって，□AMCD は平行 4 辺形である. ゆえに，3.5 節 b より，

$$\text{AM} \parallel \text{DC}, \qquad (\text{AM}) = (\text{DC})$$

したがって， $$\text{MB} \parallel \text{DC}, \qquad (\text{MB}) = (\text{DC})$$

定理 3.5 節 c-(1) より，□MBCD も平行 4 辺形である. よって，

$$\text{MN} \parallel \text{BC}, \qquad (\text{MN}) = \frac{1}{2}(\text{MD}) = \frac{1}{2}(\text{BC}) \qquad \heartsuit$$

h. 系 △ABC において，辺 AB の中点 M を通って BC に平行な直線は，辺 AC の中点を通る.

証明 辺 AC の中点を N とすると，上の定理 3.5 節 g より，MN ∥ BC.

ところが M を通って BC に平行な直線は 1 本しかないから，これは MN である. すなわち，M を通って BC に平行な直線は，辺 AC の中点 N を通る. $\qquad \heartsuit$

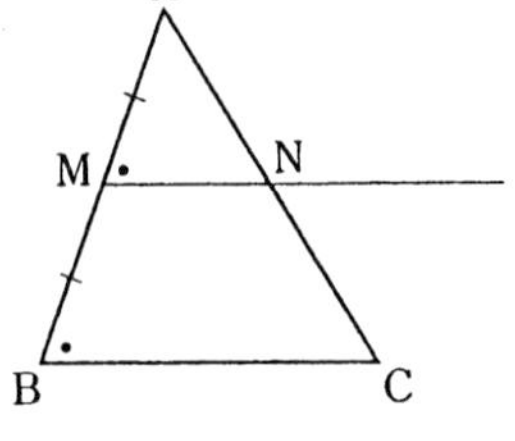

図 3.33

3.5 平 行 4 辺 形　　　*49*

i. 練 習　4辺形 ABCD の 4 辺 AB, BC, CD, DA の中点 K, L, M, N を結んで得られる 4 辺形 KLMN は平行 4 辺形であることを示せ.

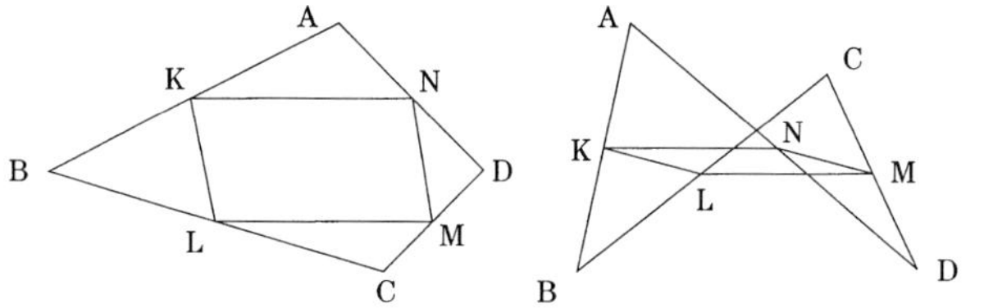

図 **3.34**

単純 4 辺形で, 1 組の対辺が平行であるものを**台形**といい, その平行な 2 辺をその **底辺** という. 平行 4 辺形も台形である.

3 角形の中点連結定理は, 次のように台形の場合に拡張される.

j. 定 理　4辺形 ABCD において, AD ∥ BC とし, 辺 AB, CD の中点を, それぞれ, E, F とする.

(1) 4 辺形 ABCD が台形ならば, 次が成り立つ.

$$\text{EF} \parallel \text{BC}, \qquad \text{EF} \parallel \text{AD}, \qquad (\text{EF}) = \frac{1}{2}((\text{BC}) + (\text{AD}))$$

(2) 4 辺形 ABCD が交差 4 辺形で, E ≠ F ならば, 次が成り立つ.

$$\text{EF} \parallel \text{BC}, \qquad \text{EF} \parallel \text{AD}, \qquad (\text{EF}) = \frac{1}{2}|(\text{BC}) - (\text{AD})|$$

証明　対角線 AC の中点を G とし, △ABC と △CAD に中点連結定理を適用すると,

$$\text{EG} \parallel \text{BC}, \quad (\text{EG}) = \frac{1}{2}(\text{BC}); \qquad \text{GF} \parallel \text{AD}, \quad (\text{GF}) = \frac{1}{2}(\text{AD})$$

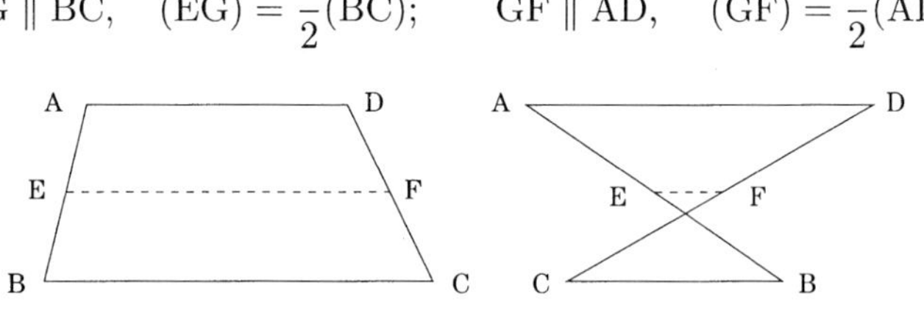

図 **3.35**

仮定 AD ∥ BC より, GF ∥ BC でもある. 点 G を通って BC に平行な直線は 1 つしかないから, EG と GF は同一の直線をなす. よって, EF ∥ BC.

線分の長さ (EF) の計算は, 読者に委ねる.　　♡

50   3.3　角　形

3.6　3角形の五心

　3角形については，これまでに外心（2.3節 c）と垂心（3.5節 f）の存在を紹介したが，実はこの他に何らかの意味で3角形の"中心"と称される点が 100個以上も知られている．この節では，外心・垂心に加えて，合わせて3角形の五心と呼ばれる3つの基本的な"中心"である重心・内心・傍心を導入し，これらに関連するいくつかの話題を提供する．五心は本書の中心課題である．

　3角形において，その1頂点と，その対辺の中点を結ぶ線分を，この3角形の**中線**という．中線は次の性質をもっている．

a.　定理（3角形の重心）　3角形の3つの中線は1点で交わる．そして，この交点は，3つの中線を，それぞれ，2：1に分ける．
　3つの中線の交点を，この3角形の**重心**という．
　証明　△ABC の2つの中線 BM, CN の交点を G とし，直線 AG と辺 BC の交点を L とする．さらに，線分 AG の延長上に点 H を，(AG) = (GH) となるようにとる．

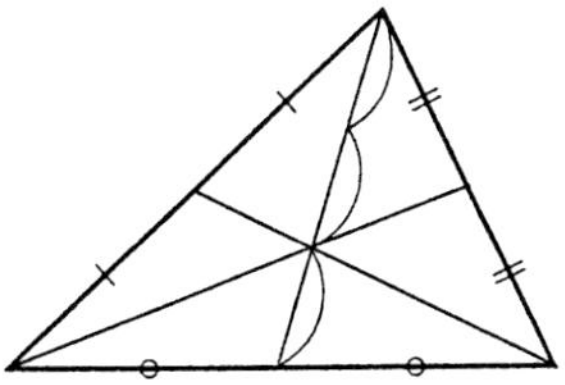

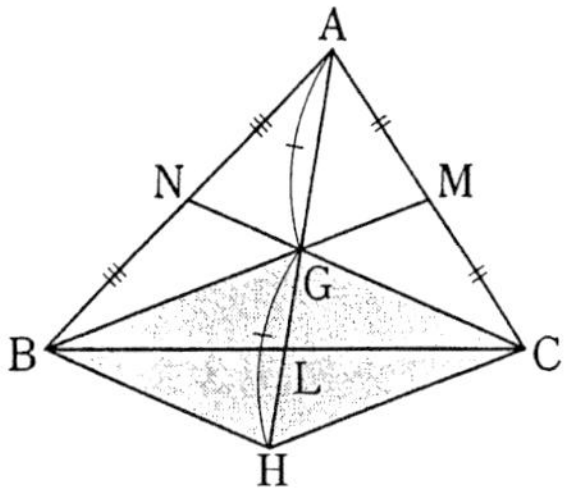

図 3.36

△ABH において，(AN) = (NB)，　(AG) = (GH) だから，
$$\text{NG} \parallel \text{BH}, \quad つまり，\quad \text{GC} \parallel \text{BH}$$
同様に，△ACH において，(AM) = (MC)，　(AG) = (GH) だから，
$$\text{MG} \parallel \text{CH}, \quad つまり，\quad \text{GB} \parallel \text{CH}$$
　よって，4辺形 BHCG は平行4辺形である．定理 3.5節 b–(3) によって，対角線 BC と GF は互いに他を2等分するから，(BL) = (LC) となるので，AL

は中線である．したがって，3つの中線は点Gで交わる．

また，$(AG) = (GH)$，$(GL) = (LH)$ より，$(AG) = 2(GL)$．

同様にして，$(BG) = 2(GM)$，$(CG) = 2(GN)$．

つまり，点Gは各中線を $2:1$ に分ける．　♡

ところで，3角形の面積は，底辺の長さと高さの積の $1/2$ であることはよく知られている．詳しくは，5章の最初で論ずることにして，この事実を認めることにしよう．そこで図3.37を見直すと，$(\triangle GBL) = (\triangle GCL)$ であることに気がつく．実際，底辺 BL と CL の長さが等しく，高さが共通だからである（2.6節bまたは2.6節d）．そこでこの共通の面積を x で表そう．同じ理由で，

$$(\triangle GCM) = (\triangle GAM), \qquad (\triangle GAN) = (\triangle GBN)$$

であるから，これらの面積を，それぞれ，y, z と表す．

ところがまた，同じ理由で，$(\triangle ABL) = (\triangle ACL)$ でもあるから，

$$x + 2z = x + 2y \quad より，\quad z = y$$

同様にして，$(\triangle BCM) = (\triangle BAM)$ であるから，

$$y + 2x = y + 2z \quad より，\quad x = z$$

したがって，$x = y = z$ が得られる．

この事実は，重心が中線を $2:1$ に分けることからも証明される．

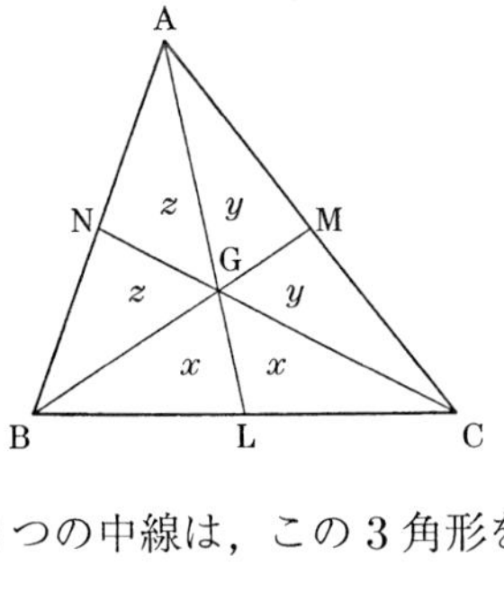

図 **3.37**

b. 定 理　3角形の3つの中線は，この3角形を6つの面積が等しい小3角形に分割する．　♡

★　上の定理からもわかるように，3角形が均質な材料板でつくられているとすれば，この3角形板を重心でひもで吊すと水平に釣り合うことになる．いい換えると，重心は3角形板の"重心"であり，このことから，この点を重心とよぶのである．

52　　　　　　　　　3. 3 角　形

△ABCの3辺の中点を結んで得られる3角形を，△ABCの**中点3角形**という．まず，中点3角形について考察する．

c. 定　理　△ABCの辺BC, CA, ABの中点を，それぞれ，L, M, Nとする．このとき，中点3角形△LMNについて，次が成り立つ．

1）△ABCの外心Oと，△LMNの垂心H′は重なる（一致する）．

2）△ABCの重心Gと，△LMNの重心G′は重なる（一致する）．

証明　3角形の中点連結定理（3.5節g）より，

$$BC \parallel NM, \qquad CA \parallel LN, \qquad AB \parallel ML$$

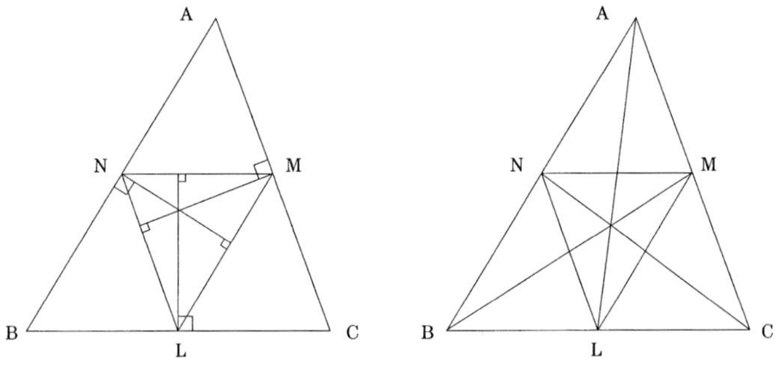

図 3.38

(1) したがって，△LMNと△ABCは，それぞれ，前節（3.5節f）の垂心の存在の証明中における△ABC，△LMNの位置にある．よって，中点3角形である△LMNの垂心は，親の△ABCの外心Oと一致する．

★　ついでながら，平行線の性質（2.1節e）と3角形の合同条件（2.4節c）から，線分LM, MN, NLは△ABCを合同な4つの3角形に分割していることもわかる．また，5章で紹介する相似の議論によれば，これら4つの三角形は親の△ABCと1：2の相似比で相似である．

(2) 同じ理由で，□ANLMは平行4辺形であるから，平行4辺形の性質（3.5節b-(3)）より，対角線ALとMNは互いに他を2等分する．よって，ALとMNの交点Pは辺MNの中点であり，△LMNの中線LPは△ABCの中線ALと重なる．

同様にして，他の2つの中線も重なるから，両3角形は同じ重心をもつ．　　　♡

定理 3.3 節 c と円周の接線の性質（2.3 節 i）から，角の 2 辺に接する円周の中心は，その角の 2 等分線上にあることがわかる．3 角形の 3 辺に接する円周を，この 3 角形の**内接円**といい，その中心を 3 角形の**内心**という．

d. 定理（3 角形の内心） 3 角形の 3 つの内角の 2 等分線は 1 点で交わり，その点は各辺から等距離にある．

この点が，この 3 角形の内心であり，内心から各辺に至る距離が内接円の半径である．

証明 △ABC の ∠B と ∠C の 2 等分線の交点を I とし，I から 3 辺に下ろした垂線を，下の図のように，ID, IE, IF とする．

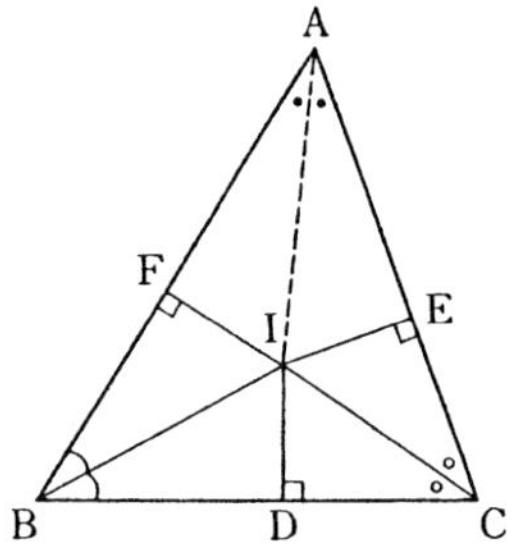

図 3.39 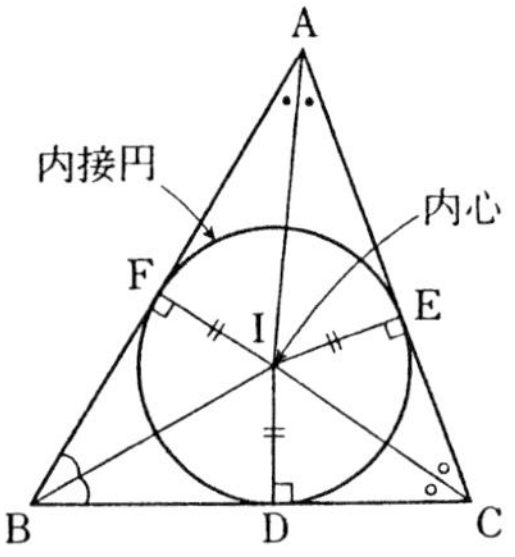　　　　　　　　　図 3.40

定理 3.3 節 c より (ID) = (IE) = (IF) だから，AI は ∠A を 2 等分する．　♡

△ABC の ∠B と ∠C の外角の 2 等分線の交点を K とし，K から 3 辺に下ろした垂線を，図 3.41 のように，KD, KE, KF とする．上の定理 3.6 節 d の証明と同じように，(KD) = (KE) = (KF) であるから，AK は ∠A を 2 等分する．点 K を，△ABC の ∠A 内の**傍心**という．K を中心とする半径 (KD) の円周は，辺 BC に外部から接し，2 辺 AB, AC の延長上に ∠A の内部から接する．この円周を，△ABC の ∠A 内の**傍接円**という．

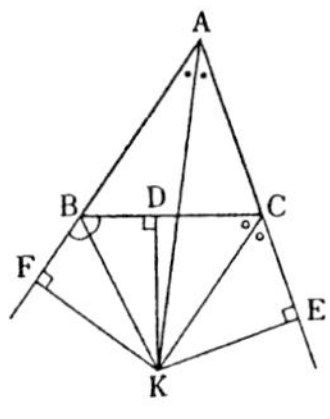

図 3.41

54　　　　　　　　　3. 3　角　形

e.　定理（3角形の傍心）　3角形の1つの内角の2等分線と他の2つの角の外角の2等分線は1点で交わる．この点がこの3角形の**傍心**である．　　♡

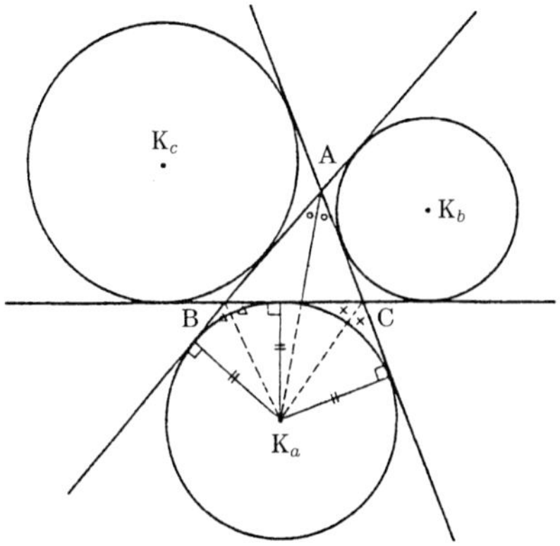

図 **3.42**　3角形の傍心と傍接円

△ABC において，

　　内角 ∠A の2等分線上にある傍心を，∠A 内の傍心といい，K_a で，

　　内角 ∠B の2等分線上にある傍心を，∠B 内の傍心といい，K_b で，

　　内角 ∠C の2等分線上にある傍心を，∠C 内の傍心といい，K_c で表す．

　3角形を構成する3本の直線に接する内接円と3つの傍接円を併せて，**4つの3接円**ということがある．3接円を少し大きく描いてみる．

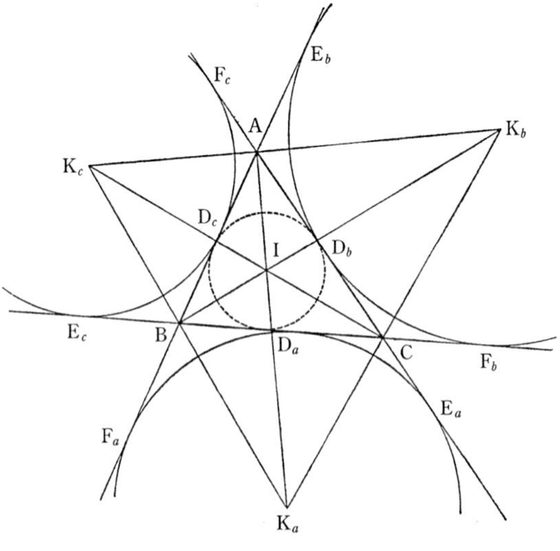

図 **3.43**

ここで，D_a, E_a, F_a は ∠A 内の傍接円と BC, CA, AB との接点，同様に，D_b, E_b, F_b は ∠B 内の傍接円と CA, AB, BC との接点，D_c, E_c, F_c は ∠C 内の傍接円と AB, BC, CA との接点を示す．

この図から，次のことが直ちにわかる．

f. (1) △ABC の 3 つの傍心を K_a, K_b, K_c とすると，△$K_a K_b K_c$ の垂心は，△ABC の内心と一致する．

実際，これを証明するには，図 3.43 において，$AK_a \perp K_b K_c$ および $BK_b \perp K_c K_a$ を示せば十分である．しかし，この事実は，次の簡単な事実から直ちにわかる．

(2) 2 つの直線 ℓ, m が 1 点 P で交わるときにできる 4 つの角について，

(i) 隣り合う 2 つの角の 2 等分線は直交する（図 3.44）．

(ii) 1 つの角の 2 等分線と P で直交する直線は隣り合う角の 2 等分線である．

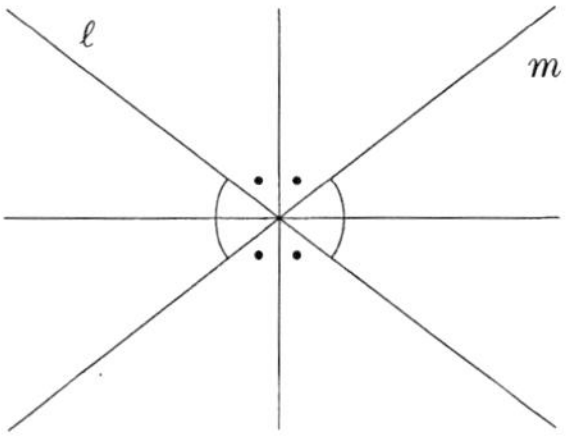

図 3.44

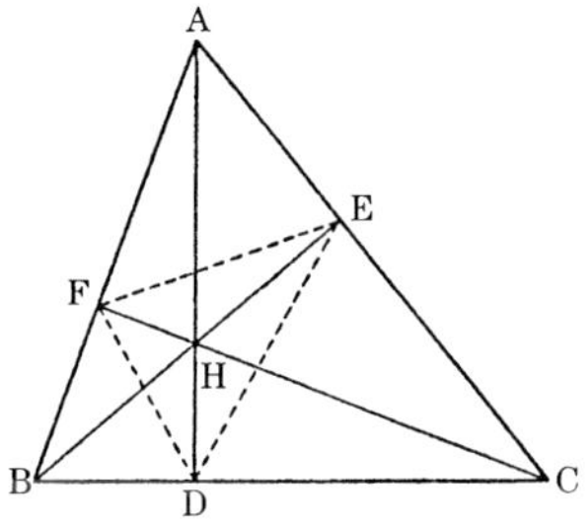

図 3.45

この事実から，次のことがいつでも成り立つ．

(3) 3 角形の各頂点において，内角と外角の 2 等分線は直交する．

一般に，点 P から直線 ℓ に垂線を引くとき，その垂線と ℓ の交点を，垂線の足ということがある．△ABC の各頂点から，それぞれ，その対辺に下ろした垂線の足を結んで得られる 3 角形を，△ABC の**垂足 3 角形**（または，垂心 3 角形）という（図 3.45）．この言葉を使うと，上の (1) は，少々気取って次のように述べることができる．

(4) △ABC の傍心を K_a, K_b, K_c とすると，△ABC は △$K_a K_b K_c$ の垂足 3 角形である．

56 　　　　　　　　　　3.3　角　形

図 3.43 をもう一度眺めてみる．次のこともわかる．

g. 3 角形の各頂点から，その角内の傍接円に引いた接線の長さは，その 3 角形の 3 辺の長さの総和の半分である；つまり，図 3.43 の記号のもとで，

$$(AE_a) = (AF_a) = (BE_b) = (BF_b) = (CE_c) = (CF_c) = s$$
$$s = (a + b + c)/2$$

接線の長さについては 2.3 節 i を参照のこと．$(AE_a) = (AF_a)$ であり，この値が △ABC の定数 s に等しいというのが主張だから，$(AE_a) = s$ を示せば十分である．実際，

$$(AE_a) = (AC) + (CE_a) = (AC) + (CD_a)$$
$$(AF_a) = (AB) + (BF_a) = (AB) + (BD_a)$$

よって，

$$(AE_a) + (AF_a) = (AC) + (CD_a) + (AB) + (BD_a)$$
$$= (AB) + ((BD_a) + (CD_a)) + (AC) = a + b + c$$

したがって，$(AE_a) = (AF_a)$ より，$(AE_a) = (AF_a) = s$.　　♡

ついでながら，3 角形の各頂点から，残りの傍接円への接線の長さも，容易に求まる．実際，図 3.43 の再び記号を使うと，$(AE_b) = (BE_b) - (AB) = s - c$ であり，同様にして，次が得られる．

$$(AE_b) = (AD_b) = (BF_a) = (BD_a) = s - c$$
$$(BE_c) = (BD_c) = (CF_b) = (CD_b) = s - a$$
$$(CE_a) = (CD_a) = (AF_c) = (AD_c) = s - b$$

★　△ABC に対する定数 $s = (a + b + c)/2$ を最初に使用したのはオイラーで，734 編の論文を残したといわれ，数学のさまざまの分野でその名が頻繁に現れる．本書でも彼の名は後半で何度かお目にかかるであろう．

定数 s は，3 角形の 3 つの頂点からその内接円に引いた接線の長さの総和であり，特に，3 角形の面積に関する数量を表す際に便利である．

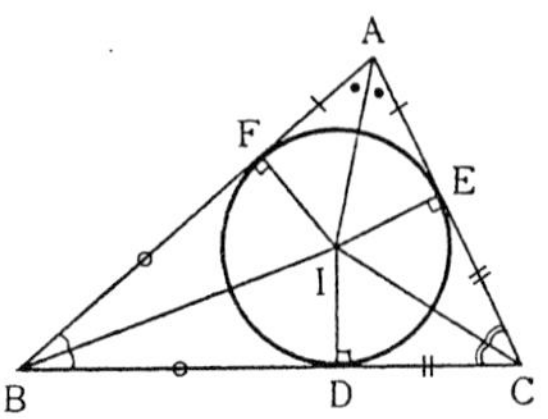

図 3.46

4

円 周 と 円 盤

コンパスで簡単に描くことのできる "円" は，いつの時代も最高の敬意を払われてきました．その美しく完全な形は，数学者だけではなく哲学者や天文学者をも感動させてきました．すでにこれまでも円周はたびたび登場してきましたが，この章では，この円周に関する基本的な性質を調べます．この章も後半のための準備や予備知識がほとんどで，本格的な応用は次章以降になります．

4.1 弧・弦・中心角

a. 2章において，中心が O である円周を $S(O)$ で，その内部を含む円盤を $D(O)$ で表すことにきめた．3辺形と3角形には共通の用語が多数あったように，円周と円盤に対しても共通の用語が多い．ここでは，ほとんど，円周について用語を定めるが，多くはそのまま円盤にも当てはめるものとする．

円周上の2点で区切られた円周の一部分を**円弧**または単に**弧**という．両端が A, B である弧を弧 AB とよぶ．弧 AB は2つあるが，ほとんどの場合，文脈や図からどちらを指すのかの判定がつく．どちらかをはっきりさせたいときは，途中に1点 C を選び，弧 ACB のように示す．

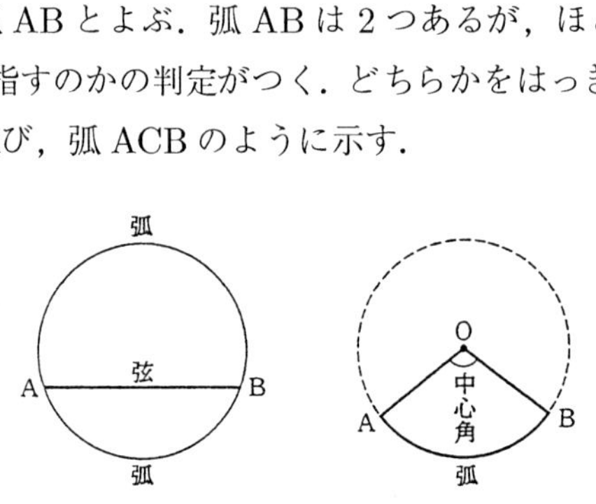

図 4.1

58　　　　　　　　　　4. 円 周 と 円 盤

　円周 $S(O)$ 上の弧 AB に対し, 弧 AB を内部に含む角 ∠AOB を, 弧 AB に対する**中心角**という.

　円周 $S(O)$ 上の弧 AB に対し, 線分 AB を**弦** AB という. このときまた, 弧 AB に対する中心角を, 弦 AB に対する中心角という.

　円周 $S(O)$ の中心 O を通る弦がこの円周の**直径**である. 直径に対する中心角は 180° であり, $S(O)$ はその任意の直径に関して対称である.

　半径の等しい 2 つの円周は合同であり, 半径が異なる円周は決して合同にはならない.

　また, 合同な 2 つの弧は**等しい**という. 等しい 2 つの弧は, 半径の等しい (つまり, 合同な) 円周上にある.

　円周 $S(O)$ は, 点 O を中心とする回転移動によって再び $S(O)$ に重なり合うから, 次のことがわかる.

b.　弧と中心角　同一の円周, または半径の等しい 2 つの円周においては, 次のことが成り立つ.

1) 2 つの等しい弧に対する中心角は等しい.
2) 2 つの弧について, 対する中心角が等しいならば, 弧も等しい.
3) 2 つの弧について, 対する中心角が大きい弧は, 中心角が小さい弧よりも大きい.　　♡

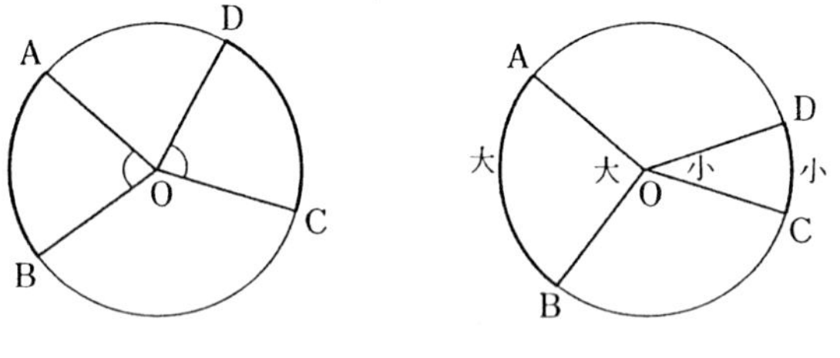

図 4.2

　円周の中心を弦の両端に結んでできる 3 角形は 2 等辺 3 角形であるから, 3 章の定理 3.2 節 b に対応して, 次が成り立つ.

c.　弦の性質　円周 $S(O)$ の弦 AB と, 弦 AB に対する中心角について, △OAB が単純 3 角形ならば (すなわち, 弦 AB が直径でなければ), 次の直線はすべて一致する.

4.2 円　周　角　　　　　59

1）中心角 ∠AOB を 2 等分する直線.

2）中心 O から弦 AB に下ろした垂線.

3）中心 O と弦 AB の中点を結ぶ直線.

4）弦 AB を垂直に 2 等分する直線.　　♡

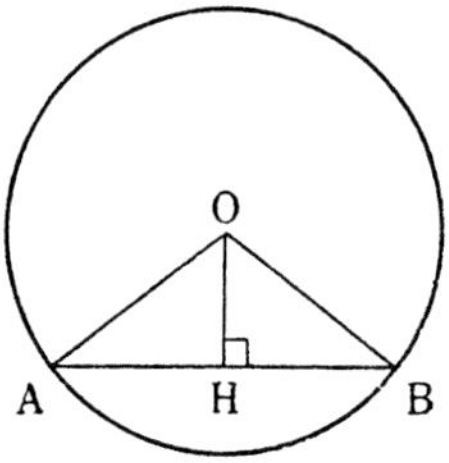

図 4.3

　円周の弧と，これに対する弦とで囲まれた図形を**弓形**という．また，1 つの中心角の内部にある円盤の一部分を**扇形**という．**半円盤**は，中心角 180°の扇形である.

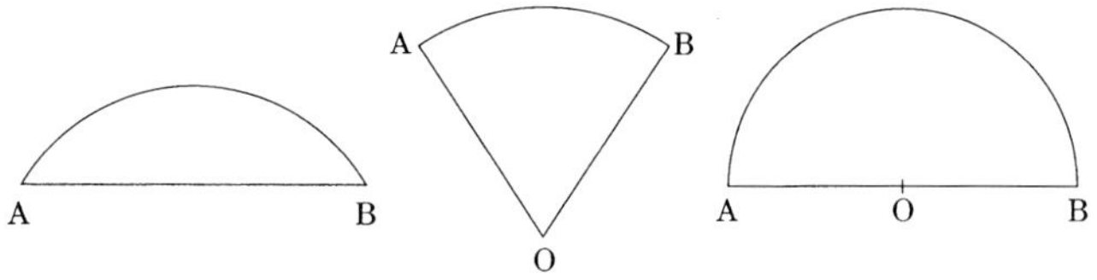

図 4.4　　　弓　形　　　　　扇　形　　　　　半　円

4.2　円　　周　　角

　円周 $S(O)$ 上の弧 AB に対し，弧 AB を内部に含む角 ∠AOB が，弧 AB に対する中心角であった．$S(O)$ 上で，弧 AB を除いた残りの弧を弧 AB の**共役弧**といい，共役弧の上に 1 点 P をとるとき，∠APB を弧 AB，または，弦 AB に対する（または，上に立つ）**円周角**という.

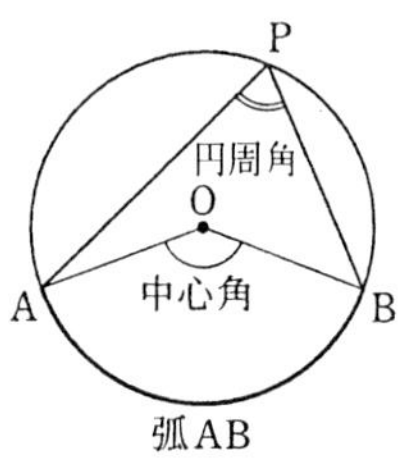

図 4.5

60　　　　　　　　　　　4. 円 周 と 円 盤

a. 円周角の定理　(1) 円周において，その上の 1 つの弧に対する円周角の大きさは，その弧に対する中心角大きさの半分に等しい.

(2) 同じ弧に対する円周角の大きさは等しい.

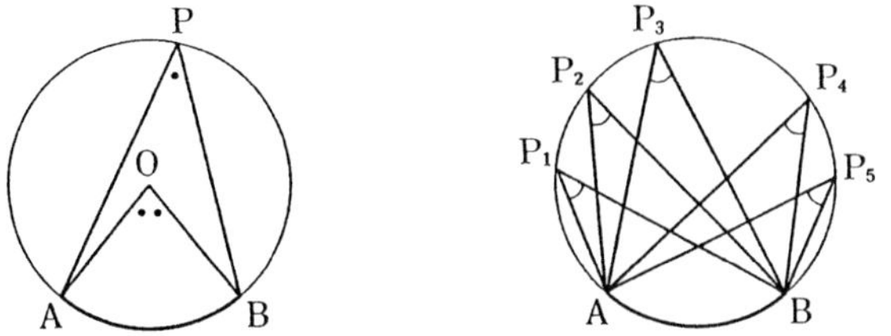

図 4.6

証明　(1) が証明されると，共役弧上の点 P の選び方に関係なく，弧に対する円周角は中心角の半分であって，一定であるから，(2) も示される.

〔(1) の証明〕円周を $S(O)$ とし，弧を AB，円周角の 1 つを ∠APB とすると，P の位置によって次の 3 つの場合がある.

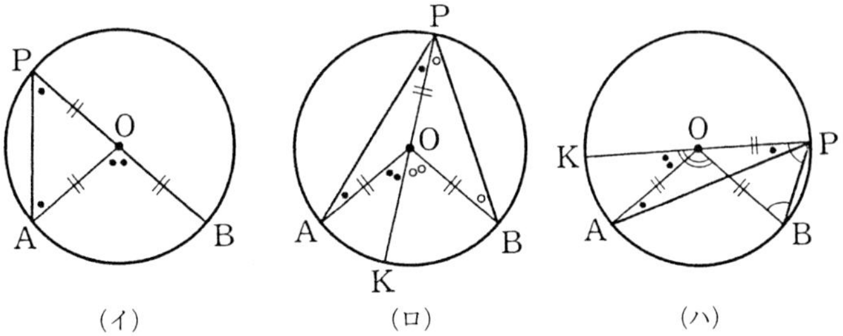

図 4.7　　　（イ）　　　　　（ロ）　　　　　（ハ）

（イ) P を通る直径が PB（または，PA）となる場合：

△OPA は，(OP) = (OA) の 2 等辺 3 角形だから，

$$(\angle OPA) = (\angle OAP) \qquad \cdots ①$$

また，　　　　　$(\angle AOB) = (\angle OPA) + (\angle OAP) \qquad \cdots ②$

①，② から，　　$(\angle AOB) = 2(\angle OPA) = 2(\angle APB)$

（ロ) P を通る直径の他端 K が弧 AB 上にある場合：(イ) と同様に，

△OPA で，　　　$(\angle AOK) = 2(\angle OPA) \qquad \cdots ③$

△OPB で，　　　$(\angle BOK) = 2(\angle OPB) \qquad \cdots ④$

③ + ④　　$(\angle AOB) = 2(\angle OPA) + 2(\angle OPB) = 2(\angle APB)$

（ハ) P を通る直径の他端 K が弧 AB の共役弧上にある場合：(イ) と同様に，

4.2 円　周　角　　　　　61

△OPAで，　　　　$(\angle AOK) = 2(\angle OPA)$　　　…⑤

△OPBで，　　　　$(\angle BOK) = 2(\angle OPB)$　　　…⑥

⑥－⑤　　$(\angle AOB) = 2(\angle OPB) - 2(\angle OPA) = 2(\angle APB)$　　♡

b. 系　半円周（および直径）に対する円周角は直角である．　　♡

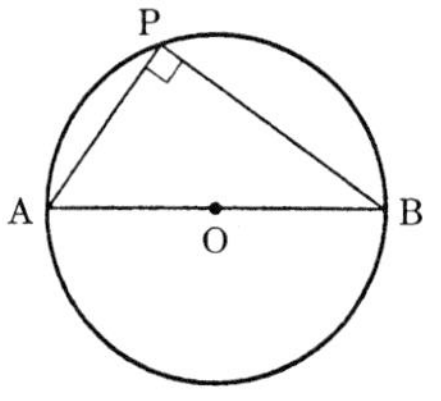

図 4.8

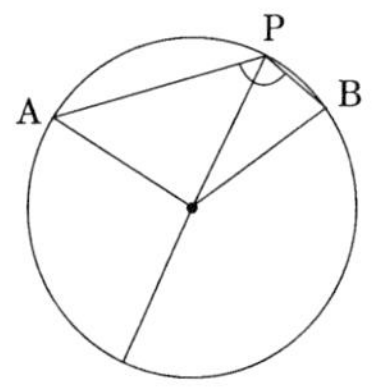

図 4.9

覚書　上の円周角の定理の証明において，弧が半円周より大きいときには，常に（ロ）の場合になり，（イ）と（ハ）の場合は生じない．

前述の 4.1 節 b と合わせると，弧と円周角について，次のことがいえる．

c. 弧・弦と円周角　同一の円周，または半径の等しい 2 つの円周においては，次のことが成り立つ．

1）2 つの等しい弧（または，弦）に対する円周角は等しい．

2）2 つの弧（または，弦）について，対する円周角が等しいならば，弧（または，弦）も等しい．

3）2 つの弧について，対する円周角が大きい弧は，円周角が小さい弧よりも大きい．

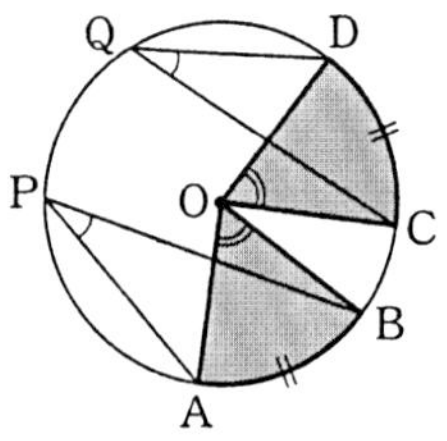

図 4.10

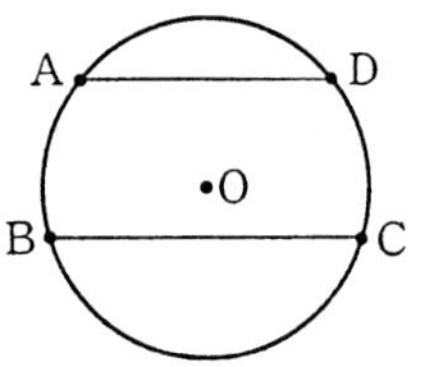

図 4.11

d. 問　図 4.11 のように，平行な 2 直線が円周と交わるとき，この 2 直線の間にある 2 つの弧は等しいことを示せ．

62　　　　　　　　　　4. 円 周 と 円 盤

円周角の定理については，次のような表現で，その逆も成り立つ．

e. 円周角の定理の逆　2点 C, P が直線 AB の同じ側にあるとき，$(\angle APB) = (\angle ACP)$ ならば，4点 A, B, C, P は同一円周上にある．

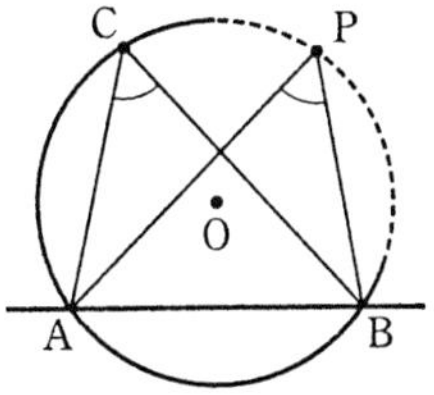

図 4.12

証明　3点 A, B, C を通る円周（つまり，△ABC の外接円）を S とする．点 P がこの円周 S 上にあることを証明する．

（イ）P が S 上にあるとき：円周角の定理から，$(\angle APB) = (\angle ACB)$.

（ロ）P が S の内部にあるとき：BP の延長と弧 ACB との交点を Q とすると，$\angle APB$ は △AQP の頂点 P における外角だから，

$$(\angle APB) > (\angle AQB) = (\angle ACB)$$

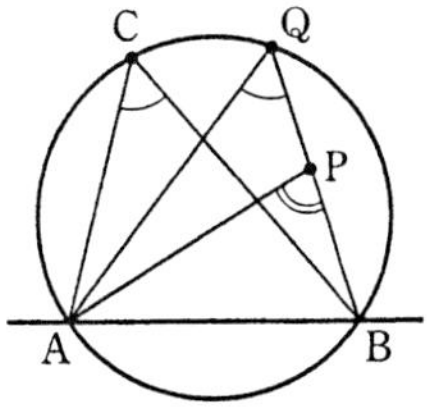

図 4.13 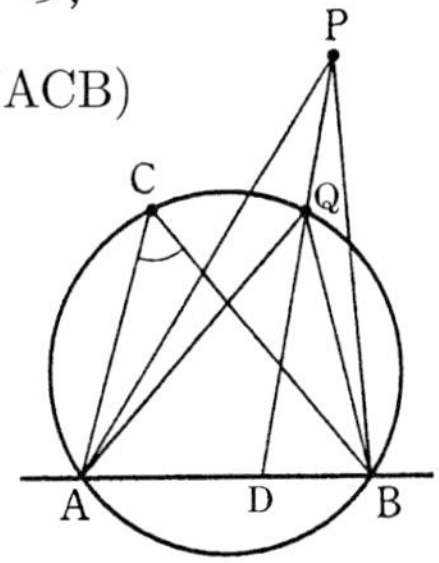　　　　　　　　　　図 4.14

（ハ）P が S の外部にあるとき：弦 AB 上に1点 D をとると，弧 ACB と線分 PD は1点で交わる．この点を Q とすると，$\angle AQD$ は △APQ の頂点 Q における外角で，$\angle BQD$ は △BPQ の頂点 Q における外角だから，

$$(\angle APD) < (\angle AQD), \qquad (\angle BPD) < (\angle BQD)$$

これらを辺々加えて，

$$(\angle APB) = (\angle APD) + (\angle BPD)$$
$$< (\angle AQD) + (\angle BQD) = (\angle AQB) = (\angle ACB)$$

よって，P が S 上にないとすると，上の（ロ）か（ハ）の場合だから，$(\angle APB) \neq (\angle ACB)$ である．したがって，$(\angle APB) = (\angle ACB)$ となるのは，P が弧 ACB 上にある場合に限る．　　♡

4.2 円　周　角　　　*63*

　次の定理は，円周角の定理の応用であるが，円周と多角形を議論する際には
よく使われる基本的なものである．

f.　定理（接弦定理）　円周の弦と，その一端を通る接線とのなす角の大きさ
は，その角内にある弧に対する円周角の大きさに等しい．

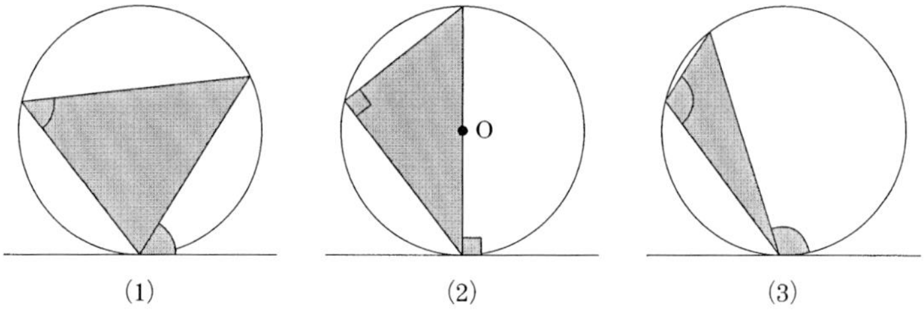

図 **4.15**　　　　（1）　　　　　　　　（2）　　　　　　　　（3）

　証明　下図のように，円周 $S(\mathrm{O})$ 上に 2 点 A, B があり，点 A を通る $S(\mathrm{O})$
の接線を AT，弧 AB に対する円周角を $\angle\mathrm{ACB}$ とする．

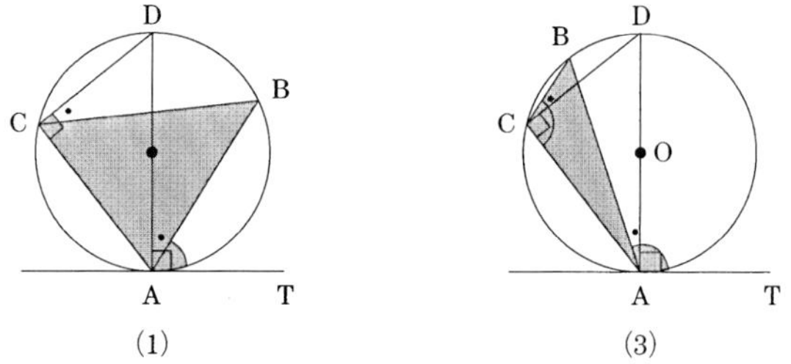

図 **4.16**　　　　（1）　　　　　　　　　　　　　　（3）

　(1) $\angle\mathrm{TAB}$ が鋭角の場合：

$(\angle\mathrm{TAD}) = 90°$ だから，　　　$(\angle\mathrm{TAB}) = 90° - (\angle\mathrm{BAD})$　　　$\cdots$①

$(\angle\mathrm{ACD}) = 90°$ だから，　　　$(\angle\mathrm{ACB}) = 90° - (\angle\mathrm{BCD})$　　　$\cdots$②

弧 BD に対する円周角とみて，　　　$(\angle\mathrm{BAD}) = (\angle\mathrm{BCD})$　　　$\cdots$③

①, ②, ③ より，　　　　　　　　　$(\angle\mathrm{TAB}) = (\angle\mathrm{ACB})$

　(2) $\angle\mathrm{TAB}$ が直角の場合：接線の性質（2.3 節 i）より，明らか．

　(3) $\angle\mathrm{TAB}$ が鈍角の場合：

$(\angle\mathrm{TAD}) = 90°$ だから，　　　$(\angle\mathrm{TAB}) = 90° + (\angle\mathrm{BAD})$　　　$\cdots$④

$(\angle\mathrm{ACD}) = 90°$ だから，　　　$(\angle\mathrm{ACB}) = 90° + (\angle\mathrm{BAD})$　　　$\cdots$⑤

弧 BD に対する円周角とみて，　　　$(\angle\mathrm{BAD}) = (\angle\mathrm{BCD})$　　　$\cdots$⑥

④, ⑤, ⑥ より，　　　　　　　　　$(\angle\mathrm{TAB}) = (\angle\mathrm{ACB})$　　　♡

上の証明をよく見ると，逆も正しいことが容易にわかる．これは，接線の性質（2.3 節 i–(2)）の一般化にもなっている．

g. 系　円周 S の弦の一端を通る直線 ℓ について，弦と ℓ のなす角の大きさがこの角内の弧に対する円周角の大きさと等しいならば，ℓ は S の接線である．

♡

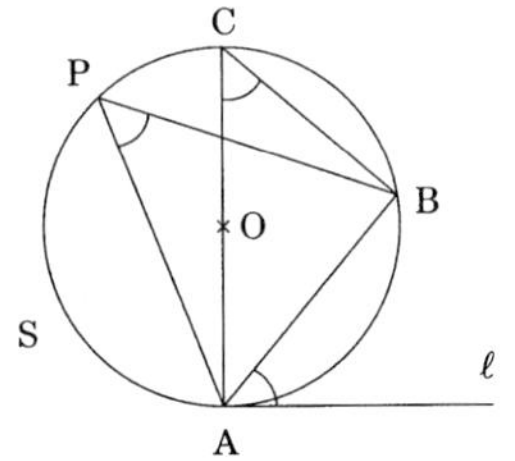

図 **4.17**

h. 例題　(1) 円周に内接する 4 角形の対角の大きさの和は 180°である．

(2) 1 組の対角の大きさの和が 180°の 4 角形は，円周に内接する．

証明　(1) □ABCD が円周 $S(\mathrm{O})$ に内接するとし，弧 ADC，弧 ABC に対する中心角の大きさを，それぞれ，α, β とすれば，円周角の定理より，

$$(\angle \mathrm{B}) = \frac{1}{2}\alpha, \qquad (\angle \mathrm{D}) = \frac{1}{2}\beta$$

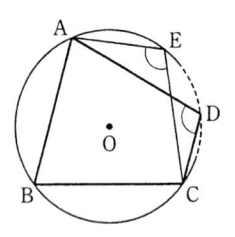

ここで，$\alpha + \beta = 360°$ だから（図 4.18），

$$(\angle \mathrm{B}) + (\angle \mathrm{D}) = \frac{1}{2}(\alpha + \beta) = 180°$$

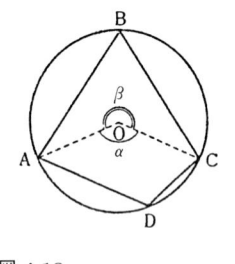

図 **4.18**

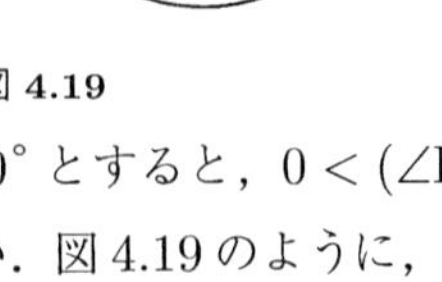

図 **4.19**

(2) □ABCD において，$(\angle \mathrm{B}) + (\angle \mathrm{D}) = 180°$ とすると，$0 < (\angle \mathrm{B}) < 180°$ であるから，3 点 A, B, C は同一直線上にはない．図 4.19 のように，△ABC の外接円を S とし，弧 ABC の共役弧上に 1 点 E をとって S に内接する □ABCE を作ると，前半の (1) から，

4.2 円　周　角　　　65

$$(\angle B) + (\angle E) = 180°$$

ところが，$(\angle B) + (\angle D) = 180°$ だから，$(\angle E) = (\angle D)$.

また，$0 < (\angle D) < 180°$ だから，D は直線 AC について E と同じ側にある
こともわかる．よって，円周角の定理の逆（4.2 節 e）から，D は S 上にある．
つまり，□ABCD は円周 S に内接する．　　♡

多角形 $\Pi = \Pi(A_1, A_2, A_3, \cdots, A_n)$ の頂点 A_i において，辺 $A_{i-1}A_i$ を A_i
の方に延長した半直線が，A_i の近くで Π の外部にあるとき，この半直線と辺
A_iA_{i+1} のなす角（とその対頂角）を，Π の頂点 A_i における（または，頂角
$\angle A_i$ の）**外角**という．下の図 4.20 において，○印のついた角はそれぞれの頂
点における外角であり，×印のついた角は外角ではないことを示す．

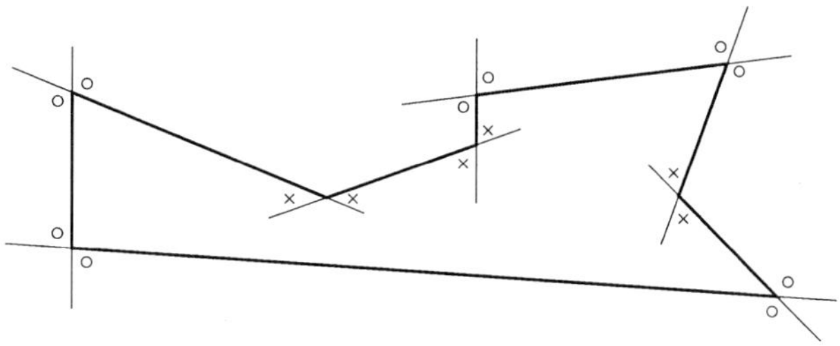

図 **4.20**　多角形の外角

頂点 A_i における外角があれば，$\angle A_i$ とその外角の大きさの和は常に $180°$
となるから，上の例題 h は次のようにいい換えることができる．

i.　系　(1) 円周に内接する 4 角形の 1 つの内角の大きさは，その対角にお
ける外角の大きさに等しい．

(2) 4 角形の 1 頂点における外角があって，その大きさが，その頂点の対角
の大きさに等しいとき，この 4 角形は円周に内接する．

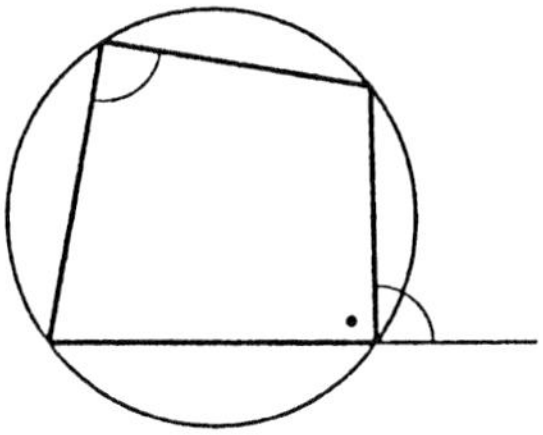

図 **4.21**

4.3 2つの円周の位置関係

a. 一直線上にない 3 点を通る円周は 1 つしかないから（2.3 節 e），2 つの円周についても，その共有点の個数によって，次の 3 つの場合が考えられる．

(1) 共有点がない．

(2) 1 点を共有する　…2 円周は**接する**といい，共有点を**接点**という．

(3) 2 点を共有する　…2 円周は**交わる**という．

これより，2 つの円周の位置関係は，次の 5 通りであることがわかる．

(1-1) 互いに他方の外部にあって，共有点がない．

(1-2) 一方が他方の内部にあって，共有点がない．

(2-1) 互いに他方の外部にあって，接する　…2 円周は**外接**するという．

(2-2) 一方が他方の内部にあって，接する　…2 円周は**内接**するという．

(3) 2 円周は交わる．

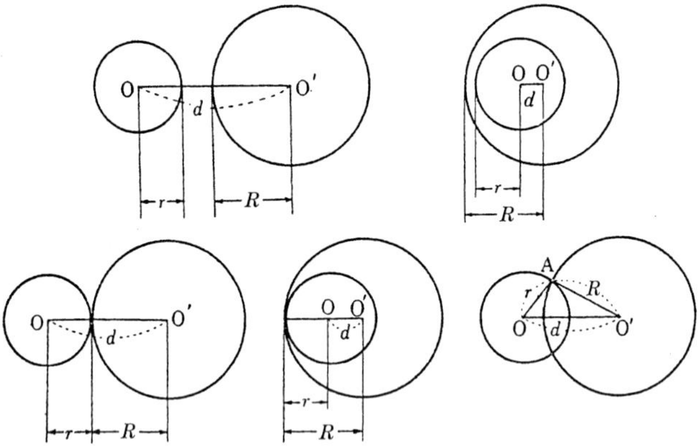

図 4.22 2 つの円周の位置関係

2 つの円周の中心が同じ点のとき，この 2 円周を**同心円**（周）という．中心が異なる点のとき，これを結ぶ直線を，2 円周の**中心線**という．

また，交わる 2 つの円周の 2 交点を結ぶ線分を，2 円周の**共通弦**という．

弦の性質（4.2 節 c）と接線の性質（2.3 節 i）から，次がことがいえる．

4.3 2つの円周の位置関係 67

b. 定理（中心線の性質） (1) 2つの円周が交わるとき，中心線は共通弦を垂直に2等分する．

(2) 2つの円周が接するとき，中心線は接点を通る．

(3) 2つの円周の共有点が中心線上にあれば，この2円周は接する．　♡

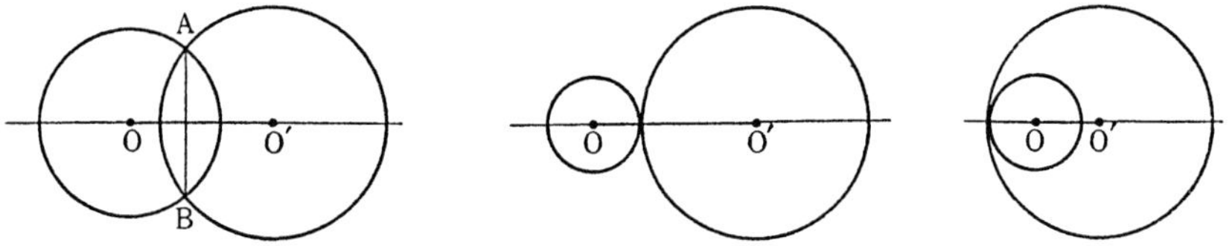

図 4.23

2つの円周 $S(\mathrm{O})$ と $S(\mathrm{O}')$ の中心間の距離 (OO') を**中心距離**という．2つの円周の半径と中心距離を用いて，2円周の位置関係をまとめておく．

c. 定理（2円周の位置関係） 2つの円周の半径を r, R とし，中心距離を d とすると，次が成り立つ．

(1-1) 2円周が互いに他方の外部にあって共有点がない $\Longleftrightarrow$ $d > r + R$

(1-2) 2円周の一方が他方の内部にあって共有点がない $\Longleftrightarrow$ $d < |r - R|$

(2-1) 2円周が外接する $\Longleftrightarrow$ $d = r + R$

(2-2) 2円周が内接する $\Longleftrightarrow$ $d = |r - R|$

(3) 2円周が交わる $\Longleftrightarrow$ $r + R > d > |r - R|$　♡

2つの円周の両方に接している直線を，その2円周の**共通接線**という．共通接線のうちで，2円周がこの接線の同じ側にあるようなものを**共通外接線**，反対側にあるようなものを**共通内接線**という．

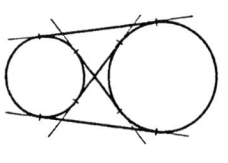

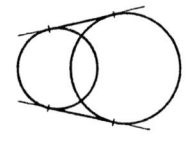

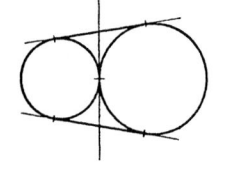

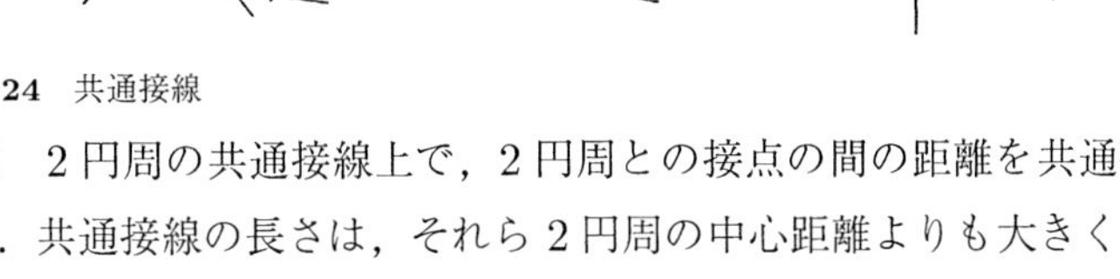

図 4.24 共通接線

d. 問 2円周の共通接線上で，2円周との接点の間の距離を共通接線の長さという．共通接線の長さは，それら2円周の中心距離よりも大きくないことを証明せよ．また，ちょうど等しくなるのはどんな場合か．　♡

68   4. 円周と円盤

e. 問 2つの円周が交わるとき，その交点でそれぞれの円周に引いた2本の接線のなす角を，この2円周の**交角**という．交角の1つの大きさをθとすると，$180° - \theta$もまた交角の大きさである．交角が直角のとき2円周は**直交する**という．

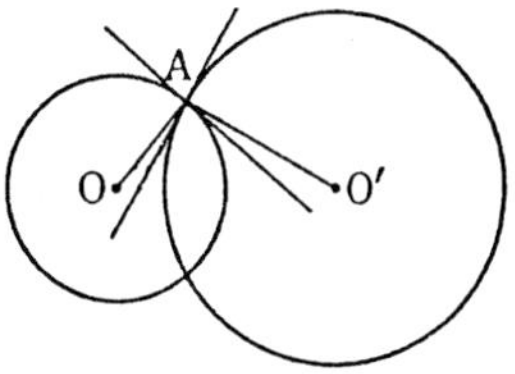

図 **4.25**

中心がO, O'の2つの円周が交わるとき，交点の1つをAとし，交角の大きさの1つをθとすると，

$$(\angle OAO') = \theta, \quad \text{または} \quad (\angle OAO') = 180° - \theta$$

であることを証明せよ．   ♡

f. 例 題 下の図のように，2つの円周の交点A, Bを通る直線が，この2円周とP, QおよびR, Sで交わっている．このとき，PR ∥ QSである．

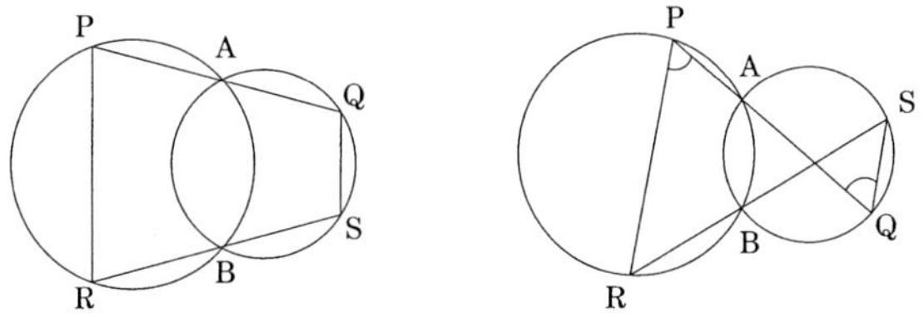

図 **4.26**

証明 □ABRPは円周に内接しているから，系4.2節iにより，

$$(\angle APR) = (\angle ABS) \quad \cdots ①$$

(1) 線分PQとRSが交わらない場合：□ABSQも円周に内接しているから頂点Qにおける外角を$\angle AQX$とすると，

$$(\angle ABS) = (\angle AQX) \quad \cdots ②$$

①，②から，$(\angle APR) = (\angle AQX)$が成り立つから，PR ∥ QS.

(2) 線分PQとRSが交わる場合：円周角の定理から，

$$(\angle ABS) = (\angle AQS) \quad \cdots ③$$

①，③から，$(\angle APR) = (\angle AQS)$が成り立つから，PR ∥ QS.   ♡

4.4 続・3角形の五心

3角形の五心，外心・垂心・重心・内心・傍心はすでに紹介した．このうち，外心，内心および傍心は直接に円周とかかわるものであった．ここでは，円周に関わるいくつかの性質が揃ったところで，五心について，特にこれらの関係について考察してみる．

a. 例 題 △ABC の内心を I，∠A 内の傍心を K，△ABC の外接円 S と直線 AI との交点を D とすると，(ID) = (KD) = (BD) = (CD) である．つまり，4 点 B, C, I, K は，D を中心とし，辺 I, K を直径とする円周上にある．

証明 (∠BAD) = (∠CAD) であるから，4.2 節 c により，

$$(BD) = (CD) \qquad \cdots ①$$

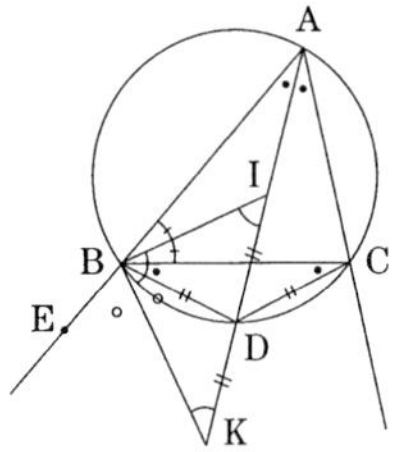

図 4.27

一方，I が内心だから， (∠ABI) = (∠CBI)

また，(∠BAI) = (∠CAD) = (∠CBD) だから，△DBI において，

$$(∠DIB) = (∠ABI) + (∠BAI) = (∠CBI) + (∠CBD) = (∠DBI)$$

だから，2 等辺 3 角形となり， (ID) = (BD) $\cdots ②$

次に，AB の延長上に 1 点 E をとると，K は傍心だから，

$$(∠EBK) = (∠CBK)$$

また，(∠DBC) = (∠CAK) = (∠BAK) だから，△DBK において，

$$(∠DBK) = (∠CBK) - (∠DBC) = (∠EBK) - (∠BAK) = (∠DKB)$$

だから，これも 2 等辺 3 角形となり， (BD) = (KD) $\cdots ③$

①〜③ より，(ID) = (KD) = (BD) = (CD)． ♡

70   4. 円 周 と 円 盤

△ABC の各頂点から，それぞれ，その対辺に下ろした垂線の足，D, E, F を結んで得られる △DEF を △ABC の垂足 3 角形とよんだ（3.6 節 f）.

b. 定理（垂心と内心） △ABC が鋭角 3 角形ならば，△ABC の垂心 H と，その垂足 3 角形 △DEF の内心 I は一致する.

証明 $(\angle BEC) = (\angle BFC) = 90°$ で，点 E, F は直線 BC の同じ側にあるから，E と F は辺 BC を直径とする円周の同一半円周上にある. よって，

$$(\angle EBF) = (\angle ECF) \qquad \cdots ①$$

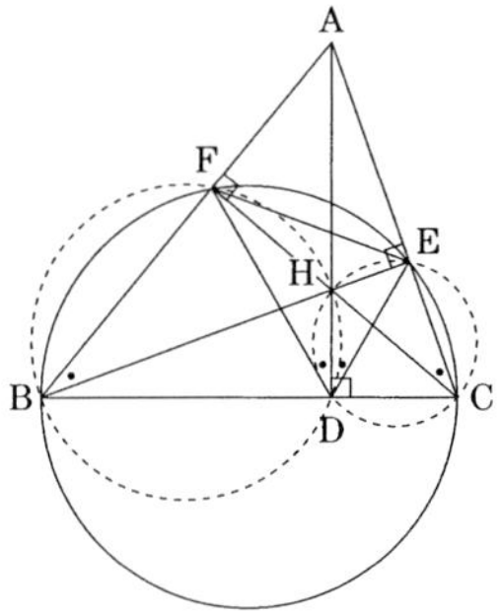

A

F

E

H

B

D

C

図 **4.28**

また，$(\angle BDH) = (\angle HFB) = 90°$ であるから，4 点 B, D, H, F は線分 BH を直径とする同一円周上にある. よって，

$$(\angle HDF) = (\angle FBH) \qquad \cdots ②$$

同様に，$(\angle CDH) = (\angle HEC) = 90°$ であるから，4 点 C, D, H, E は線分 CH を直径とする同一円周上にある. よって，

$$(\angle HDE) = (\angle HCE) \qquad \cdots ③$$

① ～ ③ より， $(\angle HDE) = (\angle HDF)$
まったく同様に， $(\angle HFD) = (\angle HFE)$， $(\angle HED) = (\angle HEF)$
したがって，AD, BE, CF は △DEF の内角の 2 等分線でもあり，H は △DEF の内心となる. ♡

問 3.5 節 f–2) でも指摘したように，A は △HBC の垂心，B は △HCA の垂心，C は △HAB の垂心となっているから，4 点 A, B, C, H は，ある意味で，対等な関係にあるといえる.

4.4 続・3角形の五心　　　71

さて，直角3角形においては，その垂心は，定義から直角の頂点であるから，垂足3角形はできない．△ABCが鈍角3角形の場合は，上の定理とほとんど同じ証明で，次が得られる．

c. 定理（垂心と傍心）　△ABCが，∠Aが鈍角であるような，鈍角3角形ならば，△ABCの垂心Hと，その垂足3角形△DEFの∠D内の傍心Kは一致する．

証明　上でも指摘したように（前定理の証明とまったく同じ論法で），Aが△DEFの内心であることが示される．実際，直線DHは∠EDFの2等分線であり，直線BFは∠DFEの2等分線であり，直線CEは∠DEFの2等分線である．

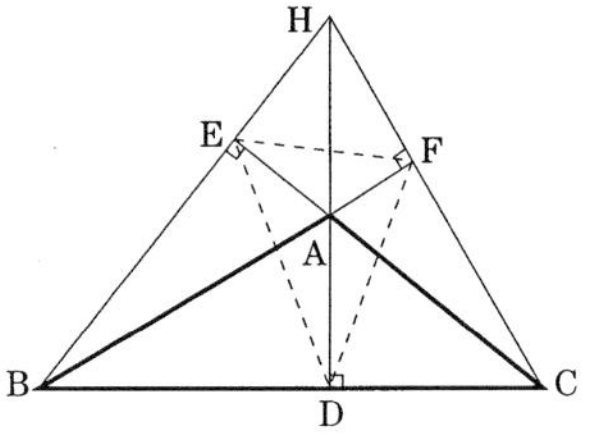

図 4.29

ところが，BF⊥CHだから，3.6節f–(2)より，CHは△DEFの頂点Fにおける外角の2等分線であり，CE⊥BHだから，BHは頂点Eにおける外角の2等分線である．よって，点Hは△DEFの，∠D内の傍心でもある．　　♡

d. 練習　△ABCの垂心をHとし，AからBCへ下ろした垂線の足をDとする．直線ADと△ABCの外接円Sとの（A以外の）交点をPとすると，Dは線分HPの中点である．

e. 定理　△ABCの外心をO，垂心をH，辺BCの中点をLとし，さらに，△ABCの外接円のBを通る直径の他端をDとすると，次が成り立つ．

(1) 4辺形AHCDは平行4辺形である．　　(2) (AH) = 2(OL)

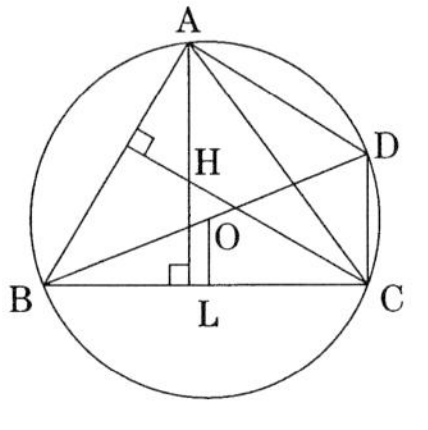

図 4.30

証明　線分 BD が外接円の直径ゆえ，$(\angle \mathrm{BCD}) = 90°$ だから，

$$\mathrm{DC} \perp \mathrm{BC} \qquad \cdots \text{①}$$

一方，H は垂心だから，$\mathrm{AH} \perp \mathrm{BC}$ であり，①と合わせて，

$$\mathrm{DC} \parallel \mathrm{AH} \qquad \cdots \text{②}$$

同様に，$\mathrm{DA} \perp \mathrm{AB}$，　$\mathrm{CH} \perp \mathrm{AB}$ だから，

$$\mathrm{DA} \parallel \mathrm{CH} \qquad \cdots \text{③}$$

②と③より，4辺形 AHCD は平行4辺形であり，その性質（3.5節 b）より，

$$(\mathrm{AH}) = (\mathrm{DC}) \qquad \cdots \text{④}$$

ところで，O が外心だから，$\mathrm{OL} \perp \mathrm{BC}$ であり，①と合わせて，

$$\mathrm{OL} \parallel \mathrm{DC} \qquad \cdots \text{⑤}$$

点 L が辺 BC の中点だから，中点連結定理（3.5節 g）より，

$$(\mathrm{DC}) = 2(\mathrm{OL}) \qquad \cdots \text{⑥}$$

したがって，④と⑥から，$(\mathrm{AH}) = 2(\mathrm{OL})$.　　♡

f. 系　△ABC の垂心を H，辺 BC の中点を L とし，△ABC の外接円の A を通る直径の他端を E とする．このとき，辺 BC と線分 EH は L で交わり，互いに他を 2 等分する．

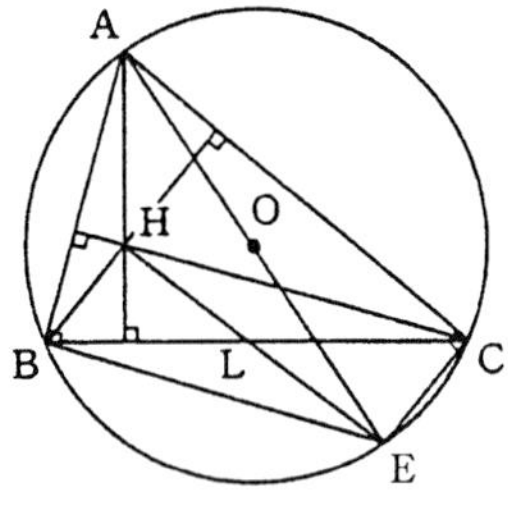

図 **4.31**

証明　上の定理 e の証明と全く同様に，

$$\mathrm{EB} \parallel \mathrm{CH}, \qquad \mathrm{EC} \parallel \mathrm{BH}$$

となるので，4辺形 CHBE は平行4辺形となる．よって，平行4辺形の性質（3.5節 b）により，対角線 HE は対角線 BC の中点 L で 2 等分される．　　♡

5

比 例 と 相 似

これまでは，図形を合同という概念を中心に議論してきました．しかし，これだけでは図形を取り扱う上で極めて不便であり，また取り扱う図形の範囲が狭くなってしまいます．この章では，図形を拡大したり縮小したりの，いわゆる，相似の概念を導入し，改めて図形を見直すことにします．この章の最初の部分は準備的な要素が強いのですが，後半からかなり本格的になります．

5.1 面 積

図形に関する定量として，線分の"長さ"，角の"大きさ (角度)"に続いて登場するのが"ひろがり"をもつ図形の"面積"である．ここでは，"線分の長さ"を素朴に認めたように，"長方形の面積=(底辺)×(高さ)"を素朴に認め，これを基礎にして，多角形，特に，3角形の面積について考察する．

a. 長方形の面積 まず，"面積"に対して抱いているもろもろの性質をまとめてみると，次のようになる．

(1) 多角形 Π に対して，面積という正の実数が 1 つだけ対応する．これを，(Π) で表すことにする．

(2) Π, Π_1, Π_2 を多角形とする．$\Pi = \Pi_1 \cup \Pi_2$ で，Π_1 と Π_2 が高々有限個の線分または点を共有するならば，次が成り立つ．

$$(\Pi) = (\Pi_1) + (\Pi_2)$$

(3) 2 つの 3 角形が合同ならば，これらは同じ面積をもつ．

$$\triangle ABC \equiv \triangle DEF \implies (\triangle ABC) = (\triangle DEF)$$

74　　　　　　　　　　5. 比 例 と 相 似

(4) 長方形の面積は，隣り合う 2 辺の長さの積である.

これらを**面積の公理**として採用し，話を進めることにする.

□ABCD において，その 4 つの内角 ∠A, ∠B, ∠C, ∠D がすべて直角である

ものが**長方形**である．したがって，このとき，

$$(\text{長方形 ABCD}) = (\text{AB}) \times (\text{BC})$$

$$
\begin{aligned}
(\text{長方形ABCD}) &= (\text{AB}) \times (\text{BC}) \\
&= (\text{BC}) \times (\text{CD}) \\
&= (\text{CD}) \times (\text{DA}) \\
&= (\text{DA}) \times (\text{AB})
\end{aligned}
$$

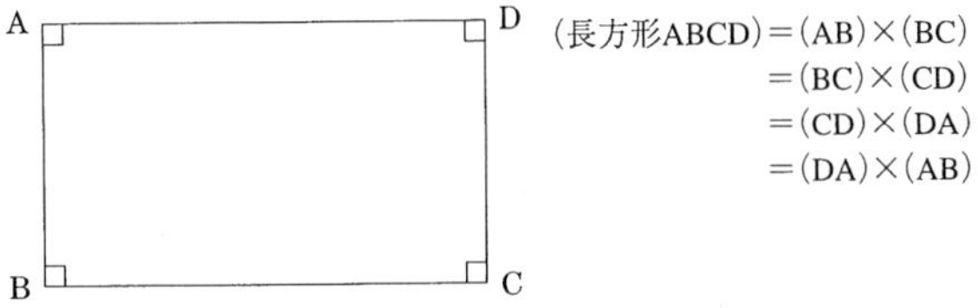

図 5.1　長方形の面積

△ABC において，∠A に対して辺 BC をその**対辺**といい，辺 BC に対して

∠A をその**対角**といった（3.1 節 a）．△ABC においては，1 辺 BC を底辺とみ

たとき，その対角である頂点 A から直線 BC に下した垂線の長さを**高さ**という

（図 2.37 を参照）．このように定めると，3 角形の面積について，次の定理が得

られる.

b.　定　理　3 角形の面積は，底辺の長さと高さの積の 1/2 である.

証明　△ABC の底辺を BC，高さを AH とする.

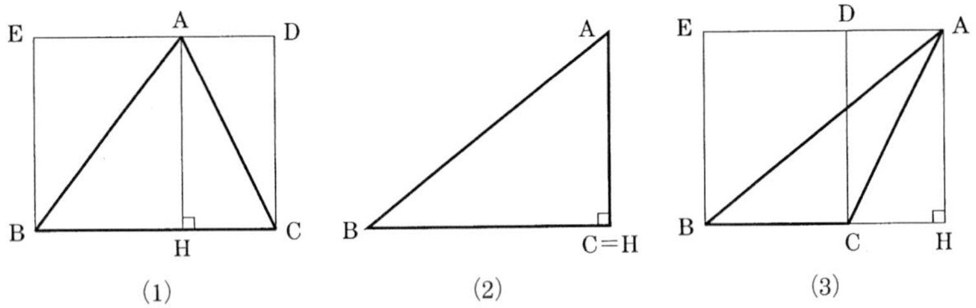

図 5.2

(1) 点 H が辺 BC の内部にある場合：点 B および点 C より AH に平行線を

ひき，点 A より BC に平行線を引けば，図 5.2(1) のような長方形 BCDE が得

られる．□AHBE，□AHCD も長方形で，辺 AH のみを共有するから，

$$(\square \text{BCDE}) = (\square \text{AHBE}) + (\square \text{AHCD}) = (\text{BH}) \cdot (\text{AH}) + (\text{HC}) \cdot (\text{AH})$$

$$= \{(\text{BH}) + (\text{HC})\} \cdot (\text{AH}) = (\text{BC}) \cdot (\text{AH})$$

5.1 面　　積　　　　75

一方，平行線の性質（2.1 節 e）から，3 角形の合同条件を用いて，

$$\triangle ABH \equiv \triangle BAE, \qquad \triangle ACH \equiv \triangle CAD$$

がわかるから，

$$(\triangle ABH) = (\triangle BAE), \qquad (\triangle ACH) = (\triangle CAD)$$

また，$\triangle ABH$ と $\triangle BAE$ は 1 辺 AB のみを共有し，$\triangle ACH$ と $\triangle CAD$ は 1 辺 AC のみを共有するから，

$$(\square AHBE) = (\triangle ABH) + (\triangle BAE) = 2(\triangle ABH)$$
$$(\square AHCD) = (\triangle ACH) + (\triangle CAD) = 2(\triangle ACH)$$

さらに，$\triangle ABH$ と $\triangle ACH$ は 1 辺 AH のみを共有するから，

$$(\triangle ABC) = (\triangle ABH) + (\triangle ACH)$$

これらを最初の式に代入して，求める次の式を得る．

$$2(\triangle ABC) = (BC) \cdot (AH)$$

(2) 点 H が頂点 B または C と一致する場合：(1) の特別な場合で，証明はより単純であるから，省略する．

(3) 点 H が辺 BC の延長上にある場合：上の図 5.2(3) のように，点 H が C の側の延長上にある場合について証明すれば十分である．このとき，(1) の証明中の最初の等式で，$+$ を $-$ にして，あとは少し工夫するだけでよいので，詳細は読者に委ねる．　　♡

長方形と 3 角形の面積は小学校で学習する基本的な定理であるが，これがなかなか応用が広い．平行線の間の距離が一定なので，次が成り立つ．

c. 定　理　1 つの直線上の 2 点 A, B と，その直線の同じ側にある 2 点 P, Q について，次が成り立つ．

(1) $PQ \parallel AB \implies (\triangle PAB) = (\triangle QAB)$

(2) $(\triangle PAB) = (\triangle QAB) \implies PQ \parallel AB$　　♡

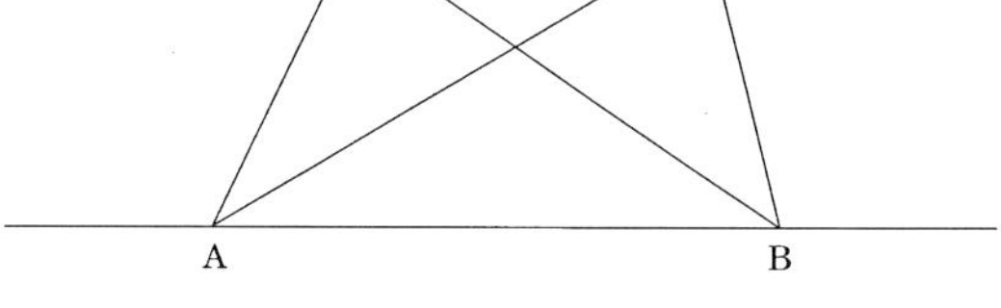

図 5.3

76   5. 比 例 と 相 似

この定理を使えば，3角形の1辺を固定したまま，その面積が変わらないように変形することができる．すなわち，

(3) 3角形の頂点を底辺に平行に移動させても，面積は変わらない．

(4) 問：△ABC の辺 BC の中点を M とすれば，次の等式が成り立つことを証明せよ；　　(△ABM) = (△ACM)

5.2　ピタゴラスの定理

面積に関連した定理として，最初にピタゴラスの定理（または三平方の定理）とよばれている，極めて大切な定理を紹介する．この定理については，現代でも初等幾何学の専門誌に数年に1度は新しい証明法が登場するほど多くの証明が工夫されている．矢野（文献 9)）には，このうちの 15 通りの証明が紹介されているので，興味ある読者は参照されたい．

a.　定理（ピタゴラスの定理）　直角3角形においては，斜辺を1辺とする正方形の面積は，直角をはさむ2辺をそれぞれ1辺とする正方形の面積の和に等しい．つまり，直角3角形の斜辺の長さを a とし，直角をはさむ2辺の長さを b，c とすれば，$a^2 = b^2 + c^2$ が成り立つ．

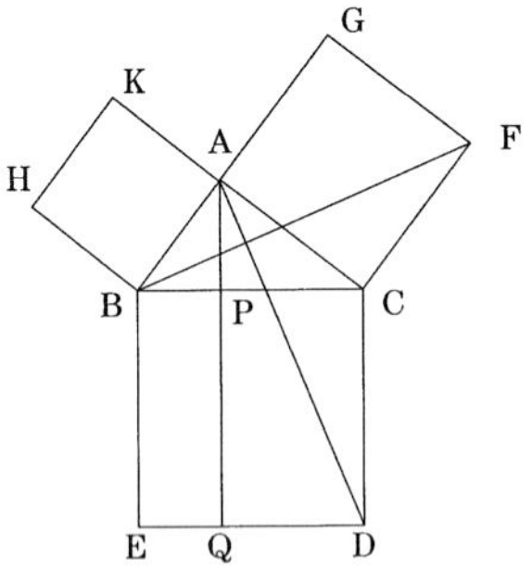

図 5.4

証明　A を直角の頂点とする3角形を ABC とする．その3辺をそれぞれ1辺とする正方形をその外側にかき，これらを ABHK, BCDE, CAGF とすると，B, A, G，および，C, A, K はそれぞれ一直線上にある．A から BC に垂線を引き，BC, ED との交点を，それぞれ P, Q とする．

長方形 BEQP と △BEA は底辺 BE が共通で高さも等しいから,
$$(\square BEQP) = 2(\triangle BEA)$$
同じように,
$$(\square CDQP) = 2(\triangle CDA)$$
一方, △BEA と △BCH において, $(BE) = (BC), (AB) = (HB)$ で,
$$(\angle ABE) = (\angle ABC) + (\angle CBE) = (\angle ABC) + \angle R$$
$$= (\angle ABC) + (\angle ABH) = (\angle HBC)$$
であるから, 3角形の合同条件 (2.4節 c–①) により,
$$\triangle BEA \equiv \triangle BCH$$
ゆえに, $\quad (\square ABHK) = 2(\triangle BCH) = 2(\triangle BEA) = (\square BEQP)$
同じように, $\quad (\square ACFG) = (\square CDQP)$
これらを加えて,
$$(\square ABHK) + (\square ACFG) = (\square BEQP) + (\square CDQP) = (\square BEDC)$$
$(BC) = a, \ (CA) = b, \ (AB) = c$ とおけば, $c^2 + b^2 = a^2$. $\quad\heartsuit$

上の証明から, 次の事実も容易に確かめられる.

b. 系 △ABC で, $(\angle A) = \angle R$, $AP \perp BC$ とすれば, 次が成り立つ.
1) $(AB)^2 = (BP)\cdot(BC), \qquad (AC)^2 = (CP)\cdot(BC)$
2) $(AP)^2 = (BP)\cdot(PC)$

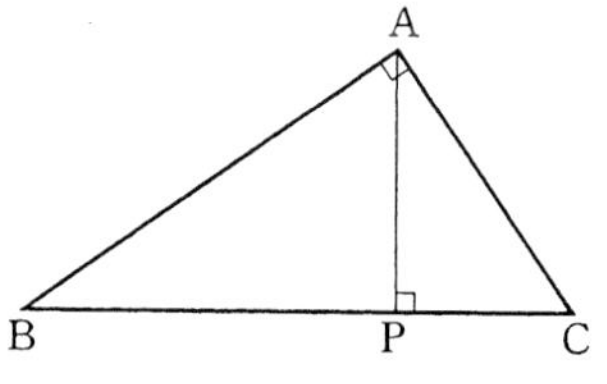

図 5.5

c. ピタゴラスの定理の逆 3角形の3辺の長さを a, b, c とするとき,
$$a^2 = b^2 + c^2$$
ならば, この3角形は a に対応する辺を斜辺とする直角3角形である.

証明 この3角形とは別に, 直角をはさむ2辺の長さが b, c である直角3角形を作り, その斜辺の長さを d とすれば, $d^2 = b^2 + c^2$.

ゆえに, $d^2 = a^2$ であるから, $d = a$ となり, この2つの3角形は合同である. したがって, はじめの3角形も直角3角形である. $\quad\heartsuit$

78 5. 比 例 と 相 似

次の定理は，3角形の中線定理またはパップスの定理とよばれ，ピタゴラス定理の一種の拡張になっている（パップス（Pappus）については後述）．

d. 定理（中線定理） △ABC の辺 BC の中点を M とすると，

$$(AB)^2 + (AC)^2 = 2\{(AM)^2 + (BM)^2\}$$

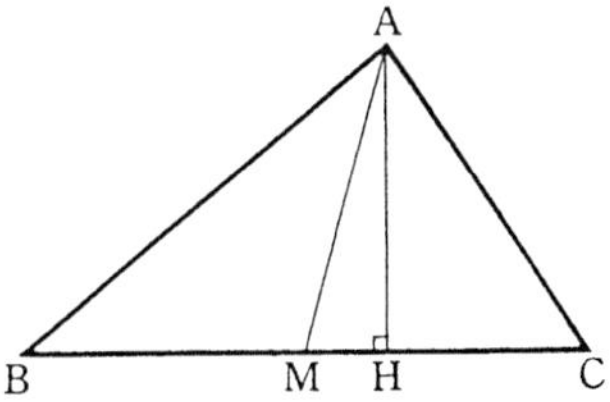

図 5.6

証明 $(AB) > (AC)$ とする．点 A から辺 BC に垂線を下ろし，その足を H とすると，ピタゴラスの定理より，

$$(AB)^2 = (AH)^2 + (BH)^2, \qquad (AC)^2 = (AH)^2 + (CH)^2$$

$$\therefore (AB)^2 + (AC)^2 = 2(AH)^2 + (BH)^2 + (CH)^2 \qquad \cdots ①$$

△AMH も直角3角形だから， $(AH)^2 = (AM)^2 - (MH)^2$

一方，

$$(BH)^2 = \{(BM) + (MH)\}^2 = (BM)^2 + 2(BM) \cdot (MH) + (MH)^2$$

$$(CH)^2 = \{(CM) - (MH)\}^2 = (CM)^2 - 2(CM) \cdot (MH) + (MH)^2$$

であり，$(BM) = (CM)$ であるから，これらを ① に代入して整理すると，定理の式が得られる．

$(AB) \leq (AC)$ の場合も同様である． ♡

★ ピタゴラスはギリシアの数学者，哲学者．音楽や天文学にも通じていた．彼を中心に秘密結社のような学派が結成され，ピタゴラスの定理はその一門が発見したといわれるが，どのような証明であったかはわかっていない．上で与えた証明は，図 1.5 から想像されるように，ユークリッドによるものである．

直角3角形の3辺の長さとなり得る3つの正の整数の組 (a, b, c) を**ピタゴラス数**という．$a = m^2 + n^2$，$b = m^2 - n^2$，$c = 2mn$ とし，m と n に整数値を入れることによって，たくさんのピタゴラス数が得られる．最も有名なピタゴラス数が $(5, 4, 3)$ で，古くから直角を作るのに利用されてきた．

5.3 線 分 の 比 例

a. 線分の内分と外分　線分 AB の上に 1 点 P があって,

$$\frac{(\mathrm{AP})}{(\mathrm{PB})} = \frac{m}{n}, \quad \text{つまり}, \quad (\mathrm{AP}):(\mathrm{PB}) = m:n$$

のとき, P は線分 AB を $m:n$ の比に分ける, または**内分する**という.

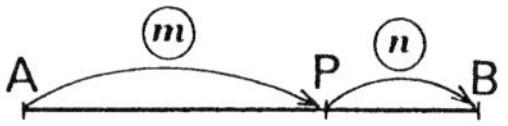

図 **5.7** 内分点

また, AB の延長上に 1 点 Q があって,

$$\frac{(\mathrm{AQ})}{(\mathrm{QB})} = \frac{m}{n}, \quad \text{つまり}, \quad (\mathrm{AQ}):(\mathrm{QB}) = m:n$$

のとき, Q は線分 AB を $m:n$ の比に**外分する**という.

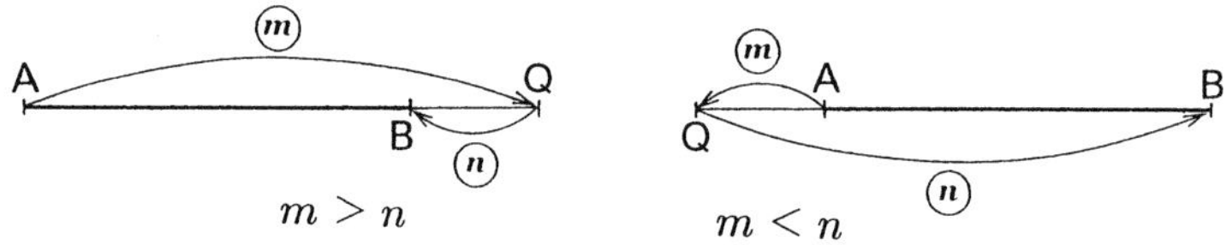

$$m > n \qquad\qquad m < n$$

図 **5.8** 外分点

線分 AB を $m:n$ の比に内分する点を P とし, $(\mathrm{AB}) = a$, $(\mathrm{AP}) = x$ とすると,

$$\frac{(\mathrm{AP})}{(\mathrm{PB})} = \frac{x}{a-x} = \frac{m}{n}$$

ゆえに, $\qquad nx = m(a-x)$

これから, $\qquad x = \dfrac{ma}{m+n}$

したがって, $\qquad (\mathrm{AP}) = \dfrac{ma}{m+n}, \qquad (\mathrm{PB}) = \dfrac{na}{m+n}$

この結果, 線分を一定の比に分ける点は 1 つしかないことがわかる.

外分点についても同じである (ただし, $m = n$ のときは外分点を考えない).

なお, 線分 AB を同じ比に内分, 外分する点をそれぞれ P, Q とするとき, A, B, P, Q は**調和点列**をなすという.

ここから，3角形の面積と線分の長さが関係する比例にまつわる定理が3つ続く．これらは，次節以降に対する準備でもある．

b. 定 理 △ABC について，直線 BC 上に 1 点 D をとれば，

$$\frac{(\triangle ABD)}{(\triangle ACD)} = \frac{(BD)}{(CD)}$$

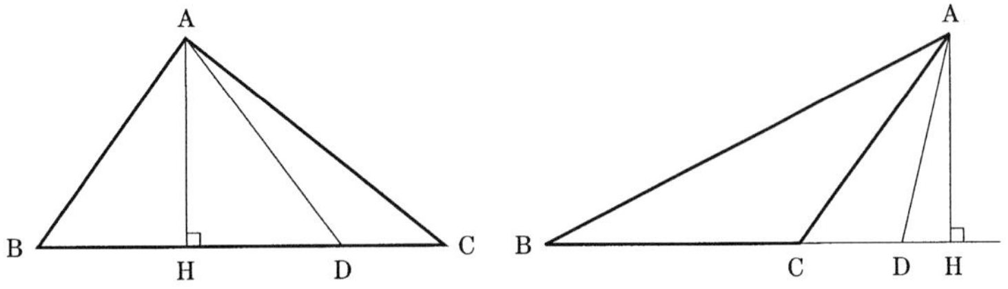

図 **5.9**

証明 A から直線 BC に下ろした垂線を AH とすれば，

$$2(\triangle ABD) = (AH)\cdot(BD), \qquad 2(\triangle ACD) = (AH)\cdot(CD)$$

これから直ちに定理の式が得られる．　♡

c. 定 理 △ABC の直線 AB, AC 上の点 D, E について，

$$DE \parallel BC \iff \frac{(AD)}{(DB)} = \frac{(AE)}{(EC)}$$

証明 〔$\Longrightarrow$ の証明〕DE $\parallel$ BC とすると，

定理 5.1 節 c より，　　$(\triangle BDE) = (\triangle CDE)$

定理 5.3 節 b より，　　$\dfrac{(\triangle ADE)}{(\triangle BDE)} = \dfrac{(AD)}{(DB)},\qquad \dfrac{(\triangle ADE)}{(\triangle CDE)} = \dfrac{(AE)}{(EC)}$

したがって，　　$\dfrac{(AD)}{(DB)} = \dfrac{(AE)}{(EC)}$

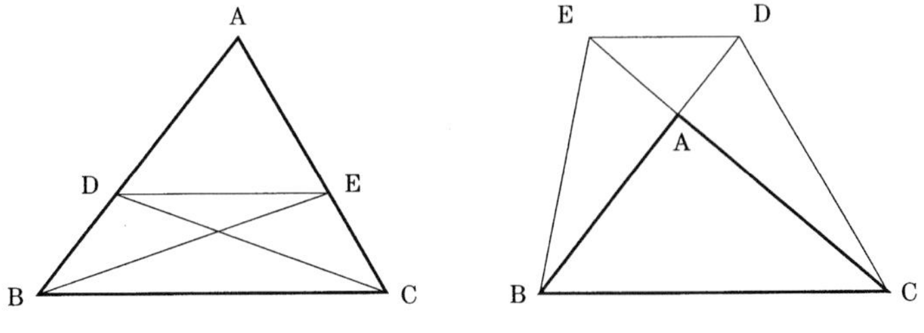

図 **5.10**

5.3 線分の比例　　　　　　　　　　*81*

〔⟸ の証明〕点 D を通り，BC と平行な直線が AC と交わる点を F とすれば，前半で示したことと仮定より，

$$\frac{(AD)}{(DB)} = \frac{(AF)}{(FC)} = \frac{(AE)}{(EC)}$$

よって，E と F は線分 AC を同じ比に分割するから，E と F は一致する．♡

上の定理において，D, E が，それぞれ辺 AB, AC の中点である場合が中点連結定理（3.5 節 g）であり，その一般化になっている．次の定理は上の定理と本質的に同じであるが，場面によっては使いやすい．

d. 定 理　△ABC の直線 AB, AC 上の点 D, E について，

(1) DE ∥ BC　$\Longrightarrow$　$\dfrac{(AD)}{(AB)} = \dfrac{(AE)}{(AC)} = \dfrac{(DE)}{(BC)}$

(2) $\dfrac{(AD)}{(AB)} = \dfrac{(AE)}{(AC)}$　$\Longrightarrow$　DE ∥ BC

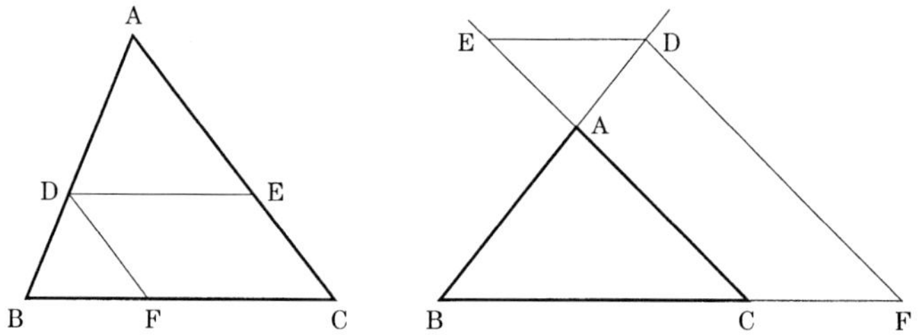

図 5.11

証明　(1) 定理 5.3 節 b と定理 5.3 節 c より，

$$\frac{(AD)}{(AB)} = \frac{(\triangle ADE)}{(\triangle ABE)} = \frac{(\triangle ADE)}{(\triangle ADE) + (\triangle DBE)}$$
$$= \frac{(\triangle ADE)}{(\triangle ADE) + (\triangle DCE)} = \frac{(\triangle ADE)}{(\triangle ADC)} = \frac{(AE)}{(AC)}$$

点 D を通り，AC に平行な直線が直線 BC と交わる点を F とすると，4 辺形 DFCE は平行 4 辺形であるから，　　(DE) = (FC)

ゆえに，前半で示したことと合わせて，

$$\frac{(AD)}{(AB)} = \frac{(FC)}{(BC)} = \frac{(DE)}{(BC)}$$

(2) 定理 5.3 節 c の後半の証明（⟸）と同じ論法で証明されるので，詳細は読者に委ねる．　♡

82   5. 比 例 と 相 似

ここで上の定理の簡単な応用として，3角形の角の2等分線にまつわる比例の定理を紹介する．

e. 定理（頂角の2等分線） △ABC の辺 BC 上の点 P について，

AP が ∠A を2等分する ⟺ (AB) : (AC) = (BP) : (PC)

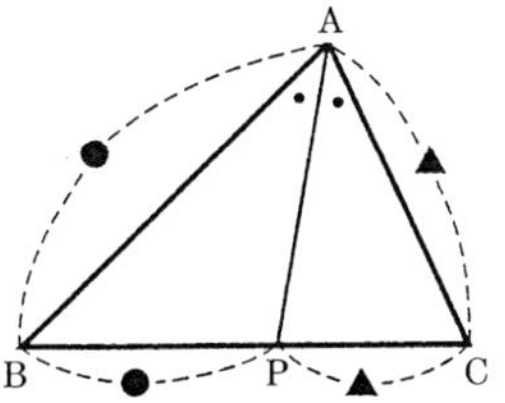

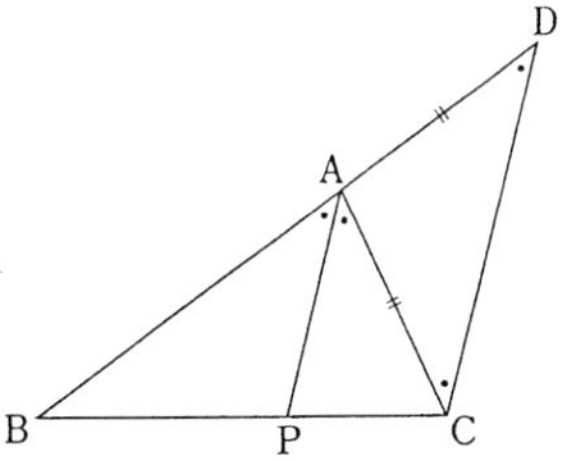

図 5.12

証明 〔⟹ の証明〕C を通って AP に平行な直線を引き，直線 BA との交点を D とすると，

定理 5.3 節 c より， (BA) : (AD) = (BP) : (PC) $\cdots$ ①

2.1 節 e より， (∠BAP) = (∠ADC), (∠CAP) = (∠ACD)

また，AP は ∠A の2等分線だから， (∠BAP) = (∠CAP)

∴ (∠ADC) = (∠ACD)

よって，2等辺3角形の性質（3.2 節 c）より， (AC) = (AD) $\cdots$ ②

②を①に代入して，求める比例式が得られる．

〔⟸ の証明〕前半と同様に平行線 CD を引くと，

(BA) : (AD) = (BP) : (PC)

仮定より， (AB) : (AC) = (BP) : (PC)

∴ (AC) = (AD)

よって，△ACD は2等辺3角形だから， (∠ACD) = (∠ADC)

また， (∠BAP) = (∠ADC), (∠CAP) = (∠ACD)

だから， (∠BAP) = (∠CAP)

つまり，直線 AP は ∠A の2等分線である． ♡

f. 定理（外角の2等分線） △ABC の辺 BC の延長上の点 Q について，

AQ が ∠A の外角を2等分する ⟺ (AB) : (AC) = (BQ) : (QC)

証明 〔⟹ の証明〕(∠B) < (∠C) の場合に証明すれば十分である．

C を通って AQ に平行な直線を引き，BA との交点を D とすると，

$$(\angle ACD) = (\angle CAQ) = (\angle XAQ) = (\angle ADC)$$

だから，△ACD は 2 等辺 3 角形で，　　$(AC) = (AD)$

CD ∥ QA だから，　　$(BQ) : (QC) = (BA) : (AD) = (BA) : (AC)$

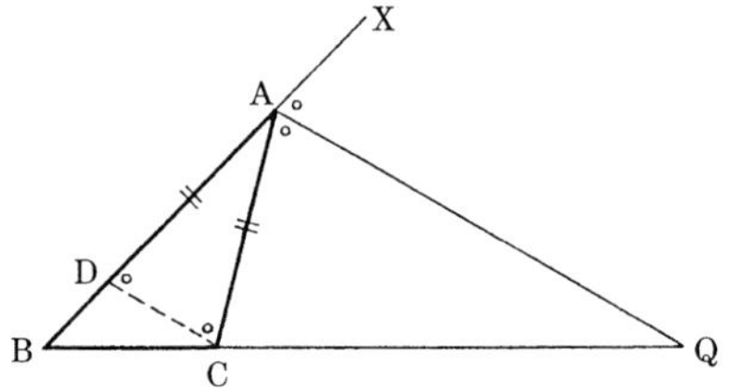

図 5.13

〔⟸ の証明〕前半と同様に平行線 CD を引くと，

$$(BQ) : (QC) = (BA) : (AD)$$

仮定より，　　　　　$(BQ) : (QC) = (AB) : (AC)$

$$\therefore \ (AC) = (AD)$$

よって，△ACD は 2 等辺 3 角形だから，　　$(\angle ACD) = (\angle ADC)$

また，CD ∥ QA より，$(\angle ACD) = (\angle CAQ)$, $(\angle ADC) = (\angle XAQ)$.

だから，　　　　　　　$(\angle CAQ) = (\angle XAQ)$

つまり，直線 AQ は ∠A の外角 ∠CAX を 2 等分する．　　♡

上の 2 つの定理から，次の問題を解くことができる．

g.　問題（アポロニウスの円）　2 定点 A, B からの距離の比 $m : n$ が一定であるような点 P は，線分 AB を $m : n$ に内分する点 C と外分する点 D を直径の両端とする定円周上にある．ただし，$m > 0$, $n > 0$, $m \neq n$ とする．

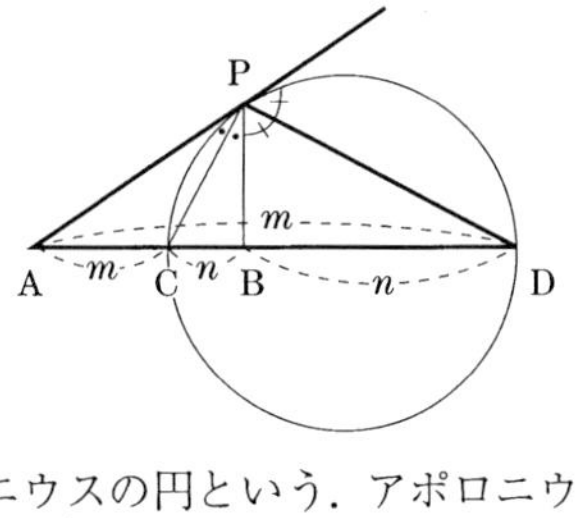

図 5.14

★　上の定円周をアポロニウスの円という．アポロニウス（Apollonius, B.C.200?-260?）はアレクサンドリアで活躍した数学者．ユークリッド幾何の伝統の上に『円錐曲線論』を著した．上の問題で，$m = n$ のときは，線分 AB の垂直 2 等分線となる．

5.4 メネラウスの定理とチェバの定理

ここで，表題の2つの定理を紹介する．メネラウス（Menelaus, 98頃）はアレキサンドリアにいた天文学者で，ここに述べるメネラウスの定理は球面幾何学の教本『球面論（Sphaerica）』に含まれており，幾何学者としても有名である．一方，チェバ（Ceva, 1647-1734）はイタリアの数学者で，チェバの定理は1678年の発見であるから，2つの定理の間には約1600年の隔たりがある．メネラウスの定理は，3点が同一直線上にある（共線という）ことを判定するのに，チェバの定理は3直線が1点で交わる（共点という）ことを判定するのに使われ，初等幾何では基本的な定理である．

a. 定理（メネラウスの定理） 直線 ℓ が，$\triangle ABC$ の直線 BC, CA, AB と，頂点以外の点で，それぞれ，P, Q, R で交われば，

$$\frac{(BP)}{(PC)} \cdot \frac{(CQ)}{(QA)} \cdot \frac{(AR)}{(RB)} = 1$$

証明 〔その1〕点 A, B, C を通って ℓ に交わるような3つの平行線を引き，ℓ との交点を，それぞれ，A', B', C' とすれば，定理5.3節dより，

$$\frac{(BP)}{(PC)} = \frac{(BB')}{(CC')}, \qquad \frac{(CQ)}{(QA)} = \frac{(CC')}{(AA')}, \qquad \cdot \frac{(AR)}{(RB)} = \frac{(AA')}{(BB')}$$

$$\therefore \frac{(BP)}{(PC)} \cdot \frac{(CQ)}{(QA)} \cdot \frac{(AR)}{(RB)} = \frac{(BB')}{(CC')} \cdot \frac{(CC')}{(AA')} \cdot \frac{(AA')}{(BB')} = 1$$

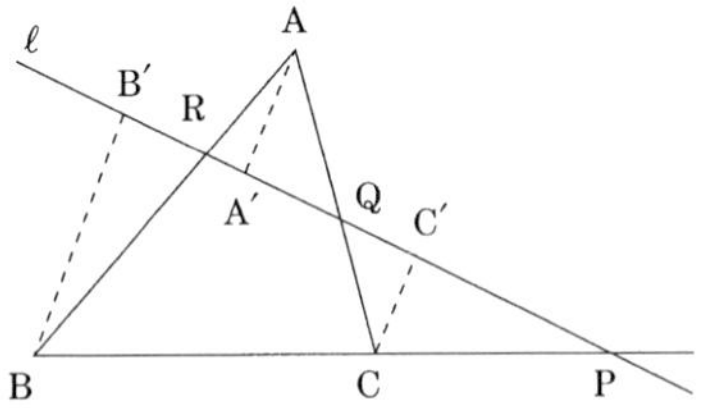

図 5.15

証明 〔その2〕点 C を通り，ℓ と平行な直線を引き，直線 AB との交点を D とすると（図5.16），定理5.3節c, dより，

$$\frac{(BP)}{(CP)} = \frac{(BR)}{(DR)}, \qquad \frac{(CQ)}{(QA)} = \frac{(DR)}{(RA)}$$

5.4 メネラウスの定理とチェバの定理

$$\therefore \frac{(BP)}{(PC)} \cdot \frac{(CQ)}{(QA)} \cdot \frac{(AR)}{(RB)} = \frac{(RB)}{(DR)} \cdot \frac{(DR)}{(RA)} \cdot \frac{(AR)}{(RB)} = 1$$

証明　〔その3〕△QBC の直線 BC 上に点 P があるから定理 5.3 節 b より

$$\frac{(\triangle QBP)}{(\triangle QCP)} = \frac{(BP)}{(CP)}$$

同様に，　$\dfrac{(\triangle QCP)}{(\triangle QAP)} = \dfrac{(CQ)}{(QA)}, \qquad \dfrac{(\triangle PAQ)}{(\triangle PBQ)} = \dfrac{(AR)}{(RB)}$

$$\therefore \frac{(BP)}{(PC)} \cdot \frac{(CQ)}{(QA)} \cdot \frac{(AR)}{(RB)} = \frac{(\triangle QBP)}{(\triangle QCP)} \cdot \frac{(\triangle QCP)}{(\triangle QAP)} \cdot \frac{(\triangle PAQ)}{(\triangle PBQ)} = 1 \quad \heartsuit$$

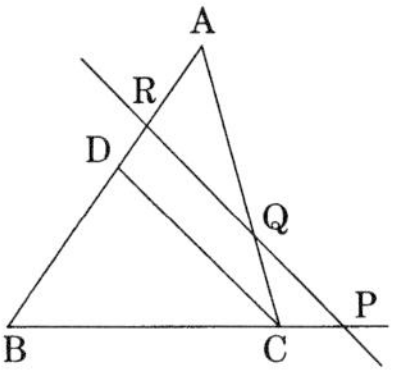

図 5.16 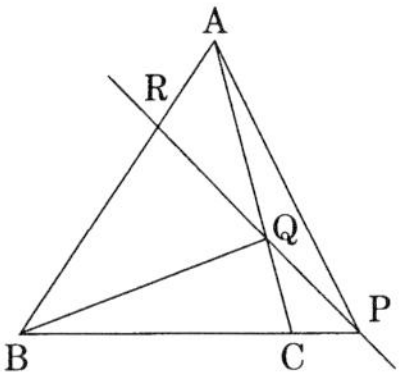　　　　　図 5.17

★　直線 ℓ と △ABC の位置関係はいろいろ考えられるが，他の場合も同様である．どの場合も，3 点 P, Q, R のうち，辺 BC, CA, AB 上にあるのは，2 点か 0 点である．

b.　定理（メネラウスの定理の逆）　△ABC の直線 BC, CA, AB 上の 3 点を，それぞれ P, Q, R とし，次の条件を満たすとする．

(1) P, Q, R のうちの 2 つは辺上にあり，残りは辺の延長上にあるか，

　　または，3 つとも辺の延長上にある．

(2) $\dfrac{(BP)}{(PC)} \cdot \dfrac{(CQ)}{(QA)} \cdot \dfrac{(AR)}{(RB)} = 1$

このとき，3 点 P, Q, R は同一直線上にある．

証明　条件 (1) から，点 P が辺 BC の延長上にあると仮定してもよい．このとき，Q と R は，それぞれ辺 CA と辺 AB 上にあるか，またはそれぞれ辺 CA と辺 AB の延長上にある．よって，直線 QR と直線 BC の交点を S とすれば，S は辺 BC の延長上にある．したがって，メネラウスの定理（5.4 節 a）により，

$$\frac{(BS)}{(SC)} \cdot \frac{(CQ)}{(QA)} \cdot \frac{(AR)}{(RB)} = 1$$

条件式 (2) と比べて，　$\dfrac{(BP)}{(PC)} = \dfrac{(BS)}{(SC)}$

よって，P と S は線分 BC を同じ比に外分するから，P と S は一致する．　$\heartsuit$

c. **定理**（チェバの定理）　点 O を，△ABC の直線 BC, CA, AB 上にはない点とする．直線 OA と直線 BC との交点を P，直線 OB と直線 CA との交点を Q，直線 OC と直線 AB との交点を R とすると，

$$\frac{(BP)}{(PC)} \cdot \frac{(CQ)}{(QA)} \cdot \frac{(AR)}{(RB)} = 1$$

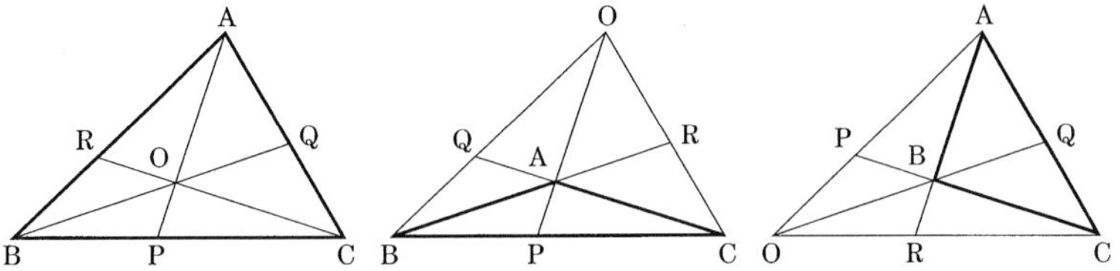

図 **5.18**

証明　〔その1〕△ARC と直線 BOR，△BCR と直線 AOP に，それぞれメネラウスの定理を適用すると（図 5.18），

$$\frac{(AB)}{(BR)} \cdot \frac{(RO)}{(OC)} \cdot \frac{(CQ)}{(QA)} = 1, \qquad \frac{(BP)}{(PC)} \cdot \frac{(CO)}{(OR)} \cdot \frac{(RA)}{(AB)} = 1$$

両式を辺々掛け合わせると，求める式が得られる．

証明　〔その2〕点 B と C から直線 AP に平行線を引いて，直線 CR, BQ との交点を，それぞれ X, Y とする（図 5.19）．

BX ∥ AP ∥ CY より，定理 5.3 節 c, 5.3 節 d を適用して，

$$\frac{(BP)}{(PC)} = \frac{(BO)}{(OY)} = \frac{(BX)}{(CY)}, \qquad \frac{(CQ)}{(QA)} = \frac{(CY)}{(OA)}, \qquad \frac{(AR)}{(RB)} = \frac{(AO)}{(BX)}$$

$$\therefore \quad \frac{(BP)}{(PC)} \cdot \frac{(CQ)}{(QA)} \cdot \frac{(AR)}{(RA)} = \frac{(BX)}{(CY)} \cdot \frac{(CY)}{(OA)} \cdot \frac{(AO)}{(BX)} = 1$$

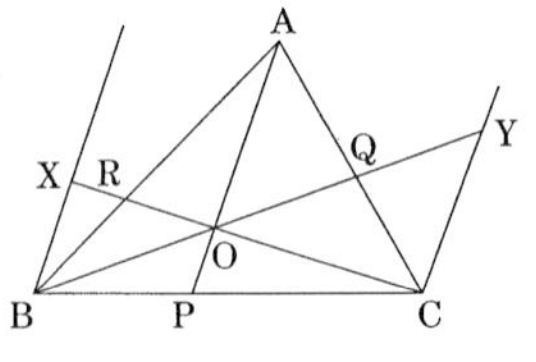

図 **5.19** 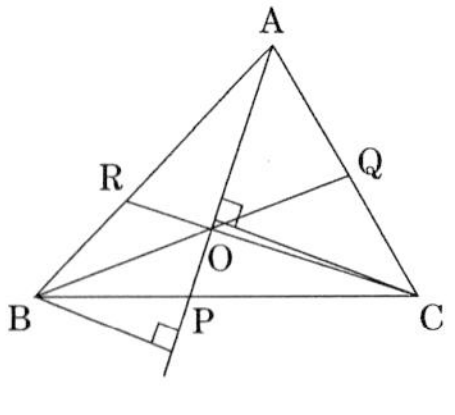　　　　　　　　　図 **5.20**

証明　〔その3〕定理 5.3 節 b と 3 角形の面積（5.1 節 b）より，

$$\frac{(BP)}{(PC)} = \frac{(\triangle ABP)}{(\triangle ACP)} = \frac{(\triangle ABO)}{(\triangle ACO)}$$

5.4 メネラウスの定理とチェバの定理　　　　87

同様に，　　$\dfrac{(CQ)}{(QA)} = \dfrac{(\triangle BCO)}{(\triangle BAO)}$,　　$\dfrac{(AR)}{(RB)} = \dfrac{(\triangle CAO)}{(\triangle CBO)}$

これら 3 つの等式を辺々掛け合わせると，求める式が得られる．　　♡

★　点 O と △ABC の位置関係はいろいろ考えられるが，図 5.18 の 3 通りを考えれば十分である（図 2.14 参照）．証明はどの場合も同じである．いずれにしても，3 点 P, Q, R のうち，辺 BC, CA, AB 上にあるのは 3 点か 1 点である（メネラウスの定理（5.4 節 a）の証明の後の注と比較せよ）．

d.　定理（チェバの定理の逆）　△ABC の直線 BC, CA, AB 上の 3 点を，それぞれ P, Q, R とし，次の条件を満たすとする．

(1) P, Q, R のうちの 1 つは辺上にあり，残りは辺の延長上にあるか，

　　または 3 つとも辺上にある．

(2) $\dfrac{(BP)}{(PC)} \cdot \dfrac{(CQ)}{(QA)} \cdot \dfrac{(AR)}{(RB)} = 1$

このとき，3 直線 AP, BQ, CR は同一点を通るか，または互いに平行である．

証明　条件 (1) から，点 P が辺 BC 上にあると仮定してもよい．

このとき，もし BQ と CR が交わるならば，その交点を S とし，AS と BC の交点を T とすると，チェバの定理（5.4 節 c）から，

$$\frac{(PT)}{(TC)} \cdot \frac{(CQ)}{(QA)} \cdot \frac{(AR)}{(RB)} = 1$$

条件式 (2) と比べて，　　$\dfrac{(BP)}{(PC)} = \dfrac{(BT)}{(TC)}$

ところが条件 (1) から，点 S は 2 直線 AB と AC のつくる角のうち，辺 BC をふくむ角とその対頂角の内部にあるから，T は辺 BC 上にある．よって，P と T は線分 BC を同じ比に内分するから，P と T は一致する．

もし BQ と CR が平行ならば，　　$\dfrac{(AR)}{(BR)} = \dfrac{(AC)}{(QC)}$

これを条件式 (2) に代入して，　　$\dfrac{(BP)}{(PC)} \cdot \dfrac{(CQ)}{(QA)} \cdot \dfrac{(AC)}{(QC)} = 1$

すなわち，$(BP)/(PC) = (QA)/(AC)$．これは BQ ∥ PA を示している．

♡

88   5. 比 例 と 相 似

注　チェバの定理の逆の場合には，3直線が1点で交わる場合のほかに，平行になることもあり，この場合の図の1例が下図である．3点 P, Q, R がすべて辺上にあるときには，もちろん，1点で交わる．

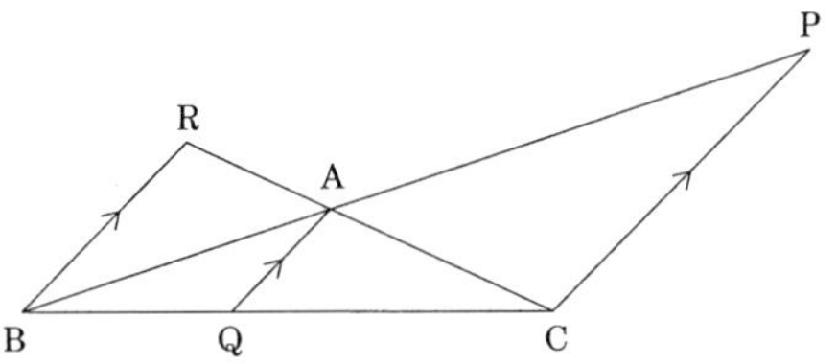

図 5.21

e. 練 習　チェバの定理の逆を使って，次を証明せよ．

1)　△ABC の3つの中線は1点で交わる（重心（3.6節 a））．

2)　△ABC の3つの内角の2等分線は1点で交わる（内心（3.6節 d））．

f. 例 題　△ABC において，A における外角の2等分線と直線 BC の交点を P，∠B の2等分線と辺 CA の交点を Q，∠C の2等分線と辺 AB の交点を R とすれば，3点 P, Q, R は同一直線上にある．

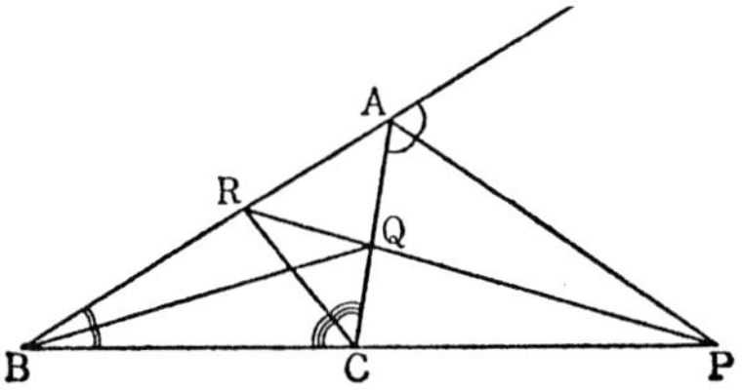

図 5.22

証明　AP は外角の2等分線であるから，定理5.3節 f により，

$$\frac{(BP)}{(PC)} = \frac{(AB)}{(CA)}$$

一方，BQ, CR は内角の2等分線であるから，定理5.3節 e により，

$$\frac{(CQ)}{(QA)} = \frac{(BC)}{(AB)}, \qquad \frac{(AR)}{(RB)} = \frac{(CA)}{(BC)}$$

よって，　$\dfrac{(BP)}{(PC)} \cdot \dfrac{(CQ)}{(QA)} \cdot \dfrac{(AR)}{(RB)} = \dfrac{(AB)}{(CA)} \cdot \dfrac{(BC)}{(AB)} \cdot \dfrac{(CA)}{(BC)} = 1$

ところで P は辺 BC の延長上に，Q は辺 CA 上に，R は辺 AB 上にあるから，メネラウスの定理の逆（5.4節 b）により，P, Q, R は同一直線上にある．

♡

g. 例題（ニュートン線） ▱ABCD について，直線 BA と CD の交点を E，直線 BC と AD の交点を F とするとき，線分 AC, BD, EF の中点は同一直線上にある．

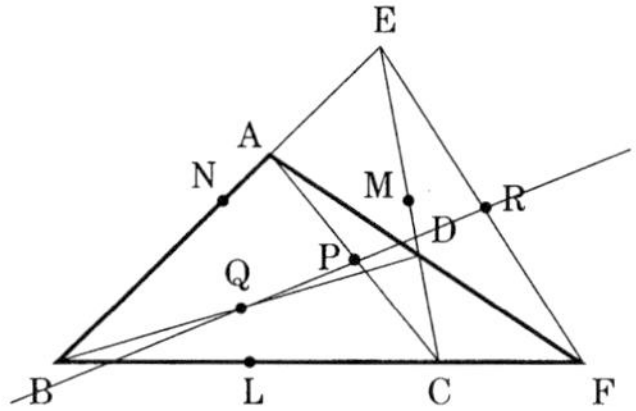

図 5.23

証明 線分 AC, BD, EF の中点を，それぞれ P, Q, R とする．さらに線分 BC, CE, EB の中点を，それぞれ L, M, N とする（図 5.23）と，中点連結定理（3.5 節 g）により，直線 LM, MN, NL は，それぞれ点 R, Q, P を通り，次が成り立つ．

$$(LR) = \frac{1}{2}(BF), \qquad (MP) = \frac{1}{2}(CF), \qquad (NQ) = \frac{1}{2}(CD)$$

$$(RM) = \frac{1}{2}(DE), \qquad (PN) = \frac{1}{2}(EA), \qquad (QL) = \frac{1}{2}(AB)$$

ここで，△EBC と直線 ADF にメネラウスの定理（5.4 節 a）を適用すると，

$$\frac{(BF)}{(FC)} \cdot \frac{(CD)}{(DE)} \cdot \frac{(EA)}{(AB)} = 1$$

この式に上の 6 個の関係式を代入すると，

$$\frac{(BF)}{(FC)} \cdot \frac{(CD)}{(DE)} \cdot \frac{(EA)}{(AB)} = \frac{(NR)}{(MR)} \cdot \frac{(LQ)}{(QN)} \cdot \frac{(MP)}{(PL)}$$

$$= \frac{(NR)}{(RM)} \cdot \frac{(MP)}{(PL)} \cdot \frac{(LQ)}{(QN)} = 1$$

これは，△LMN に対して，点 P, Q, R がメネラウスの定理の逆（5.4 節 b）の条件を満たしていることを示しているから，同定理によって，P, Q, R は同一直線上にある． ♡

★ 上の直線 PQR は，ニュートンにより発見されたとも，ガウスにより発見されたともいわれており，定かでない．それで，この直線を**ニュートン線**または**ガウス線**という．

5.5 3角形の相似

"大きさは違っても形が同じ" 2つの図形は"相似"であるという. 相似については一応おなじみであろうが, 相似は合同に比べてかなり難しい概念である. 相似について重要なのは3角形に関する場合だけなので, 焦点を3角形に絞って話を進めることにする.

a. 相似変換 平面上に1点Oを定め, 正の定数kを与える. 平面上の任意の点Pを, 半直線OP上で,

$$(OP') = k(OP)$$

となる点P'に移す規則を, 点Oを中心とする平面の**k倍変換**という.

k倍変換は,

$$k > 1 のとき拡大, \qquad k < 1 のとき縮小$$

であり, $k = 1$のときにはなにも変化しない.

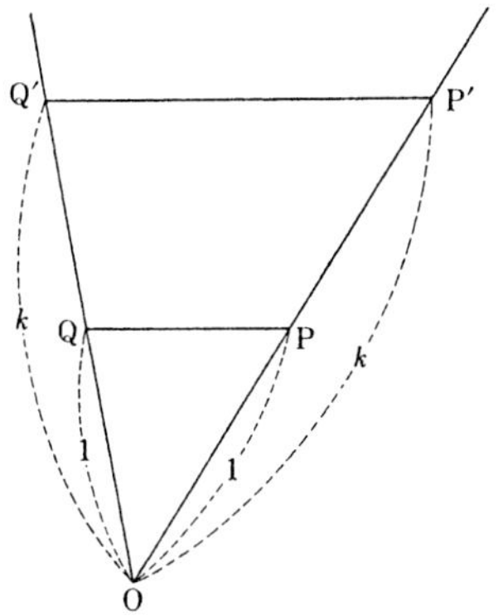

図 5.24

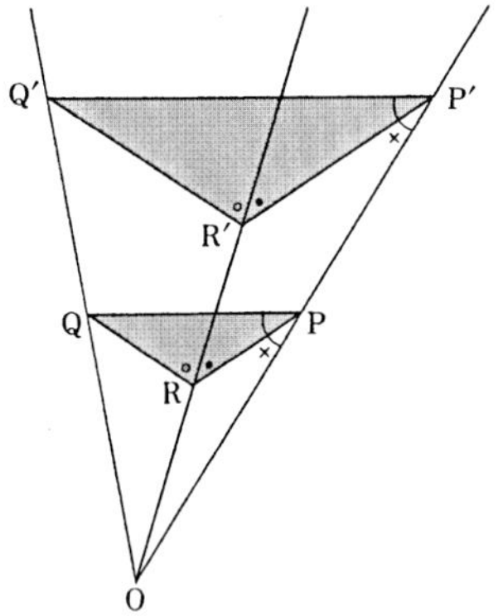

図 5.25

上の図5.24のように, 点P, Qが点Oを中心とするk倍変換により点P', Q'に移るとき,

$$\frac{(OP')}{(OP)} = \frac{(OQ')}{(OQ)} = k$$

であるから, 定理5.3節dによって,

$$P'Q' \parallel PQ, \qquad (P'Q') = k(PQ)$$

5.5 3角形の相似

となる．さらに，△PQR が △P′Q′R′ に移るとき，図 5.25 のように，対応する辺は平行だから，対応する角の大きさは等しい．また，このとき，2 つの 3 角形 △PQR と △P′Q′R′ は点 O を中心（相似の中心）として，**相似の位置**にあるという．

平面上で，合同変換（2.4 節）と k 倍変換を続けて得られる対応のことを，相似比 k の**相似変換**という．

平面上の図形 K が相似変換で図形 K' に移るとき，K と K' は**相似**であるといい，$K \backsim K'$ で示す．

相似の位置にある 2 つの図形はもちろん相似である．k 倍変換の性質と合同な図形の性質（2.4 節）とを合わせることによって，次がわかる．

(1) 2 つの図形 K と K' が相似ならば，対応する線分の長さの比は，相似比に等しく，対応する角の大きさは等しい．

b. 3角形の相似　2 つの 3 角形 △ABC と △DEF が相似で，頂点 A と D，B と E，C と F が対応しているならば，k を相似比とすると，

1) $(AB):(DE)=(BC):(EF)=(CA):(FD)=1:k$

2) $(∠A)=(∠D),$　　$(∠B)=(∠E),$　　$(∠C)=(∠F)$

である．逆に，これらの条件すべてを満たすとき，△ABC $\backsim$ △DEF が結論される．実際，合同変換（平行移動，回転移動，対称移動）によって △DEF を移動して A と D を重ね，辺 DE を半直線 AB 上に重ねる．このとき，$(∠A)=(∠D)$ から，DF が半直線 AC 上にあるか，DF が △ABC の外部にあるか，いずれかである．DE が外部にあるときは，さらに AB を対称軸とする対称移動によって移動し，辺 DF も半直線 AC 上にあるようにする．このとき，2 つの 3 角形は，点 A を中心として相似の位置にあることは容易に確かめられる．

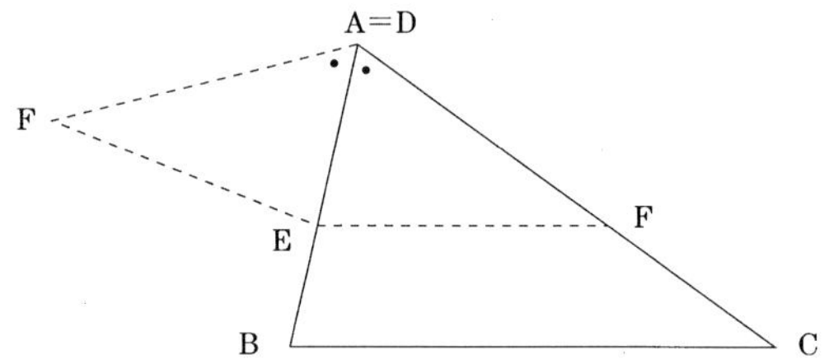

図 5.26

92   5. 比 例 と 相 似

前ページで調べたことは，条件 (1) と (2) によって，3角形の相似を定義し
てもよいことを意味する．

しかし，3角形の場合，上の証明から予想されるように，(1), (2) のすべて
の条件を満たさなくとも，「これらのいくつか」がわかれば相似であることが判
定できる．「…」を相似条件という．

c. 3角形の相似条件 2つの3角形は，それらの頂点の間に適当な一対一
の対応を付けたとき，次の各場合に相似である．

① 2組の対応する角の大きさが等しい．

② 2組の対応する辺の長さの比が等しく，その対応する辺の間の角の大きさ
  が等しい．

③ 3組の対応する辺の長さの比が等しい．

証明 ② の場合は，本質的に 5.5 節 b と同じであるから，省略する．

① の場合：△ABC, △DEF において，$(\angle A) = (\angle D)$, $(\angle B) = (\angle E)$ とす
る．△DEF を移動して，D を A に重ね，辺 DE を半直線 AB に重ねる．この
とき，$(\angle A) = (\angle D)$ だから，辺 DF は半直線 AC 上にあるか，△ABC の外
部にある．外部にあるときは，さらに AB を対称軸として対称移動を行い，辺
DF も半直線 AC 上にあるようにする．このとき，条件 $(\angle B) = (\angle E)$ から，
EF ∥ BC である．定理 5.3 節 d によって，

$$\frac{(\mathrm{DE})}{(\mathrm{AB})} = \frac{(\mathrm{DF})}{(\mathrm{AC})} = \frac{(\mathrm{EF})}{(\mathrm{BC})}$$

よって，△ABC と移動した △DEF は点 A を中心として相似の位置にある．

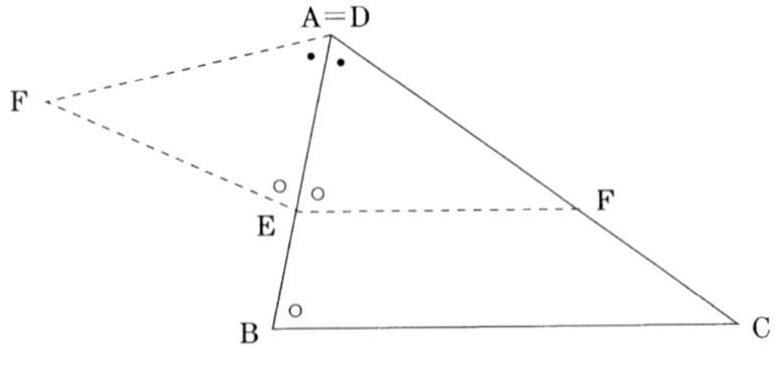

図 **5.27**

③ の場合：△ABC と △DEF について，

$$\frac{(\mathrm{AB})}{(\mathrm{DE})} = \frac{(\mathrm{BC})}{(\mathrm{EF})} = \frac{(\mathrm{CA})}{(\mathrm{FD})} \qquad \cdots (*)$$

とする．半直線 AB 上に点 P を $(AP) = (DE)$ となるように，また半直線 AC
上に点 Q を $(AQ) = (DF)$ となるように選ぶと，$(*)$ より，

$$\frac{(AB)}{(AP)} = \frac{(AC)}{(AQ)} \quad \text{だから，定理 5.3 節 d により，} \quad PQ \parallel BC$$

よって，$\triangle ABC$ と $\triangle APQ$ は点 A を中心として相似の位置にあり，さらに
定理 5.3 節 d により，$\dfrac{(AB)}{(AP)} = \dfrac{(BC)}{(PQ)}$ である．$(*)$ と P, Q のとり方から，

$$\frac{(AB)}{(AP)} = \frac{(AB)}{(DE)} = \frac{(BC)}{(EF)} = \frac{(BC)}{(PQ)} \quad \text{だから，} \quad (PQ) = (EF)$$

したがって，3 角形の合同条件（2.4 節 c–③）より $\triangle APQ \equiv \triangle DEF$.

よって，$\qquad\qquad\qquad \triangle ABC \backsim \triangle DEF \qquad \heartsuit$

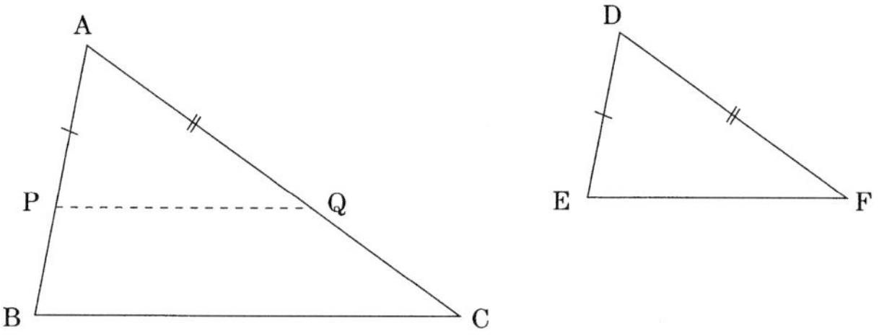

図 **5.28**

★ 2 章の合同についても上の相似についても 3 角形についてのみ考察した．これ
は，他の図形については，合同条件や相似条件はほとんど必要がないからでもある．
一般に，図形を“多角形”に限定すると，3 角形の合同条件と相似条件から，次が得
られる．

(1) 2 つの多角形が合同であるための必要十分条件は，次の 3 つである．

a）辺の個数が等しい．

b）対応する辺の長さが等しい．

c）対応する角の大きさが等しい．

(2) 2 つの多角形が相似であるための必要十分条件は，次の 3 つである．

a）辺の個数が等しい．

b）対応する辺の長さの比が等しい．

c）対応する角の大きさが等しい．

これは，多角形は，辺の長さと角の大きさとでその形が決定されることを示して
いる．

94   5. 比 例 と 相 似

5.6 方べきの定理

円周 S と点 P があって，P を通る直線 ℓ が S と交わる点を A, B とする．直線 ℓ をいろいろ変えるとき，(PA) が大きくなれば (PB) は小さくなるが，その関係は次の定理で与えられる．

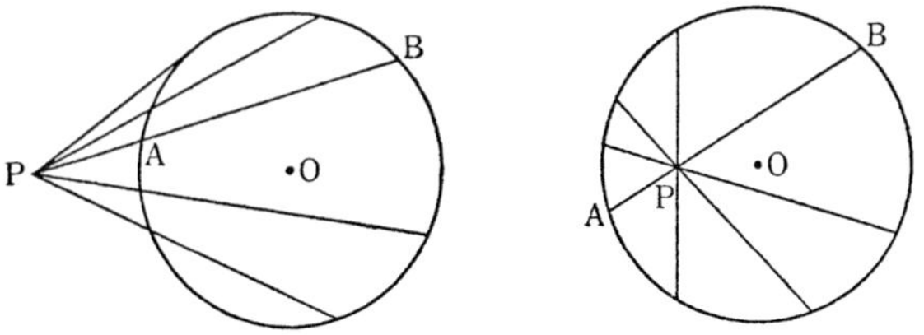

図 5.29

a. 定理（方べきの定理） 円周 $S = S(O, r)$ と S 上にない点 P がある．点 P を通って S と交わる任意の直線を引き，S との交点を A, B とすれば，

$$(\mathrm{PA}) \cdot (\mathrm{PB})$$

は，直線 ℓ に関係せず，一定である．

証明 中心 O から ℓ に下ろした垂線の足を C とすれば，C は弦 AB の中点である（4.1 節 c）．そこで，次のようにおく．

$$(\mathrm{PC}) = x, \qquad (\mathrm{CA}) = (\mathrm{CB}) = y, \qquad (\mathrm{OP}) = d, \qquad (\mathrm{OC}) = h$$

(1) P が円周の外部にあるとき：$(\mathrm{PA}) = x - y$，$(\mathrm{PB}) = x + y$ だから，

$$(\mathrm{PA}) \cdot (\mathrm{PB}) = (x - y)(x + y) = x^2 - y^2$$

$(\mathrm{OB}) = r$(半径) だから，ピタゴラスの定理（5.2 節 a）により，

$$d^2 = x^2 + h^2, \qquad r^2 = y^2 + h^2$$

ゆえに， $x^2 - y^2 = d^2 - r^2$

したがって， $(\mathrm{PA}) \cdot (\mathrm{PB}) = d^2 - r^2$

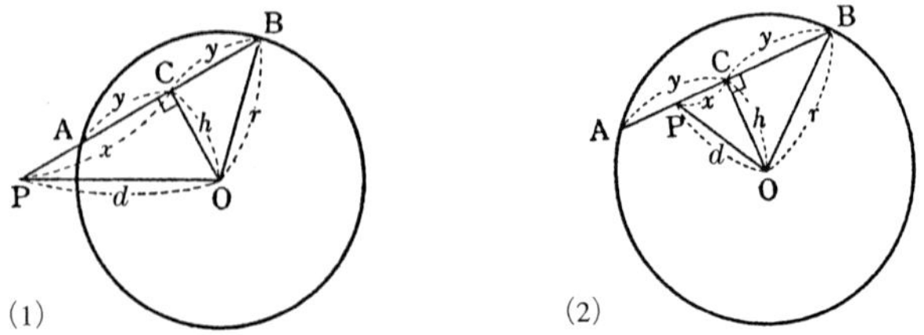

図 5.30 (1)   (2)

5.6 方べきの定理 95

(2) P が円周の内部にあるとき：$(PA) = y - x$，$(PB) = y + x$ となり，あとは (1) と同じように計算して，

$$(PA) \cdot (PB) = r^2 - d^2$$

いずれにしても，r と d は与えられた円周と点 P だけで定まる値で，直線 ℓ には無関係であるから，$(PA) \cdot (PB)$ は一定である．

この一定の値を，点 P のこの円周 S に関する**方べき**（または，**べき**）という．

点 P が円周 S の外部にあって，A, B が一致するときには，この一致点を T とすると，PT は S の接線で，$(PA) \cdot (PB) = (PT)^2$ が成立する．　♡

次は，上の定理をいい換えたものであるが，場合によってはこの形の方が使いやすい．直接証明も容易で，(1) は 4.2 節 a, i を，(2) は 4.2 節 f を使い，適当な 3 角形の相似を導き，辺の長さに関する比例式を出せばよい．

b.　系（方べきの定理）　(1) 円周 S 上にない点 P を通る 2 直線が円周 S と，図 5.31 のように，それぞれ，A, B，および C, D で交わっているとき，

$$(PA) \cdot (PB) = (PC) \cdot (PD)$$

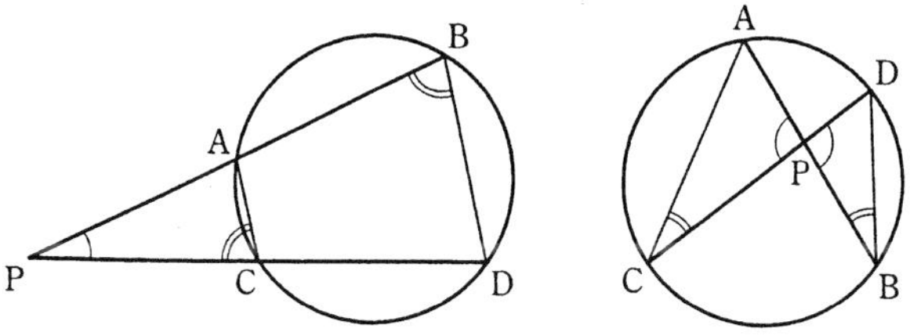

図 **5.31**

(2) 円周 S の外部にある点 P を通る直線が円周 S と 2 点 A, B で交わり，P を通るもう 1 つの直線が点 T で S に接しているとき，

$$(PA) \cdot (PB) = (PT)^2$$

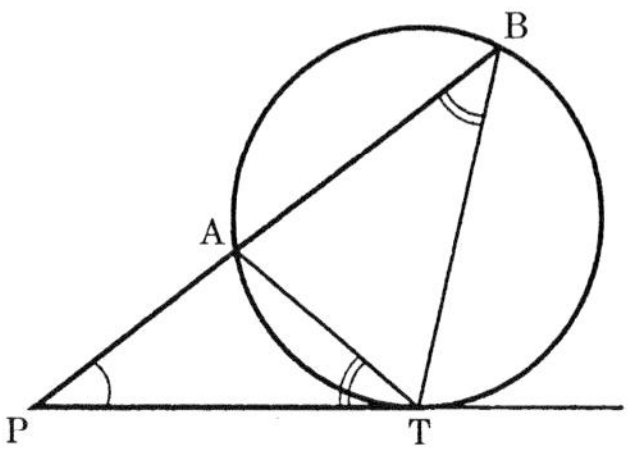

図 **5.32**

方べきの定理については，次の形でその逆も成立する．

c. 定理（方べきの定理の逆） (1) 線分 AB, CD が交わるか，または両方の延長上で交わり，その交点 P に対して，

$$(PA) \cdot (PB) = (PC) \cdot (PD)$$

ならば，4 点 A, B, C, D は同一円周上にある．

(2) 点 P を端点とする 2 つの半直線があって，一方の上に 1 点 T が，他方の上に 2 点 A, B があって，

$$(PT)^2 = (PA) \cdot (PB)$$

ならば，直線 PT は 3 点 A, B, T を通る円周 S（2.3 節 e）に接する．

証明 (1) A，B，C を通る円周を S とし，直線 CD との交点を E とすると，方べきの定理（5.6 節 b–(1)）より，　　$(PA) \cdot (PB) = (PC) \cdot (PE)$

仮定により，　　　　　　　　$(PA) \cdot (PB) = (PC) \cdot (PD)$

ゆえに，　　　　　　　　　　$(PD) = (PE)$

ところが，P が円周 S の外部にあっても内部にあっても半直線 PD, PE は P について同じ側にあるから，D と E は重なる．すなわち，4 点 A, B, C, D は円周 S 上にある．

(2) △PAT と △PTB において，　　　$(\angle TPA) = (\angle BPT)$（共通）

仮定 $(PT)^2 = (PA) \cdot (PB)$ より，　　$(PA):(PT) = (PT):(PB)$

よって，3 角形の相似条件（5.5 節 c–②）により，△PAT ∽ △PTB

したがって，$(\angle ATP) = (\angle TBP)$ となり，接弦定理の逆（4.2 節 f）により，PT は円周 S に接する．　　♡

d. 練 習 交わる 2 つの円周 $S(O)$, $S(O')$ の共通弦 AB 上の 1 点，またはその延長上の 1 点から，円周 $S(O)$ と 2 点 C, D で交わる直線，円周 $S(O')$ と 2 点 E, F で交わる別の直線を引けば，4 点 C, D, E, F は同一円周上にある．

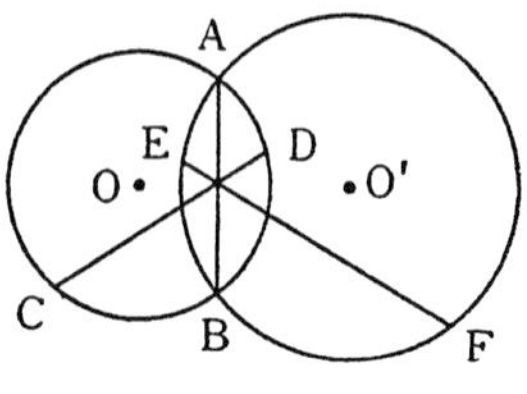

図 5.33

5.7 三角比と正弦法則・余弦法則

これまで，三角比（もっと一般に三角関数）については，意識的に使わないで済ませてきた．これは中学校までは扱わないからでもある．しかし，表題の正弦法則や余弦法則は頻繁に使われる3角形の定理であり，是非とも紹介しておきたい．というわけで，簡単に三角比を説明して，本論に入る．

a. 鋭角の三角比 鋭角 XAY において，AY 上の任意の点 B から AX に垂線 BC を下ろせば，直角3角形 ABC の3辺の長さの比は ∠XAY の大きさだけで決まり，点 B の取り方に無関係である．それは，AY 上の他の点 B′ から垂線 B′C′ を下ろせば，3角形の相似条件（5.5 節 c–①）から，△ABC ∽ △AB′C′ で，

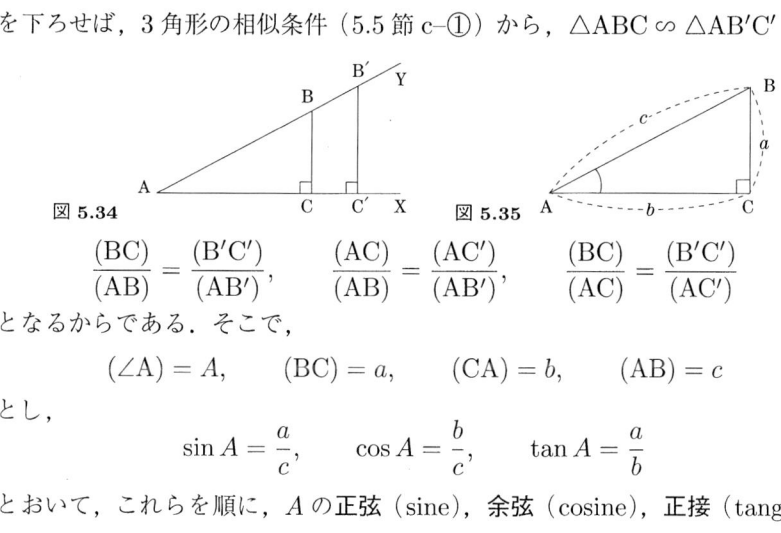

図 5.34　　　　　　図 5.35

$$\frac{(BC)}{(AB)} = \frac{(B'C')}{(AB')}, \qquad \frac{(AC)}{(AB)} = \frac{(AC')}{(AB')}, \qquad \frac{(BC)}{(AC)} = \frac{(B'C')}{(AC')}$$

となるからである．そこで，

$$(\angle A) = A, \qquad (BC) = a, \qquad (CA) = b, \qquad (AB) = c$$

とし，

$$\sin A = \frac{a}{c}, \qquad \cos A = \frac{b}{c}, \qquad \tan A = \frac{a}{b}$$

とおいて，これらを順に，A の**正弦**（sine），**余弦**（cosine），**正接**（tangent）とよぶ．上の定義で，$A = 0°, 90°$ でもよいが，$\tan 90°$ は定義しない．

この定義と図 5.36 から，次がわかる．

b. 定 理 $\tan A = \dfrac{\sin A}{\cos A}$, $\sin(90° - A) = \cos A$, $\cos(90° - A) = \sin A$.

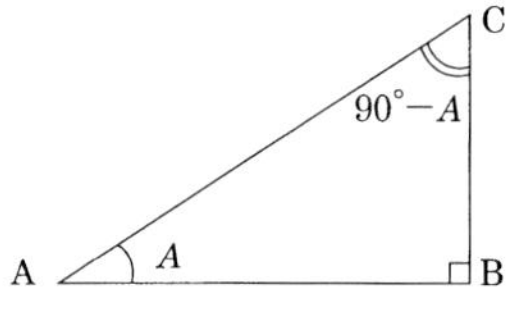

図 5.36

c. 鈍角の三角比　次に，$0° < A \leqq 180°$ なる角についても三角比を定義する．∠XAY の大きさを A とし，AY 上の任意の点 B から直線 AX に下ろした垂線の足を C とする．

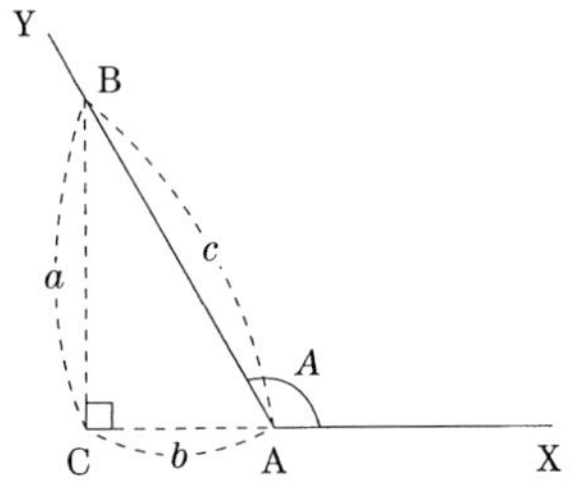

図 5.37

この場合も，$(BC) = a$, $(CA) = b$, $(AB) = c$ とおいて，A の**正弦**，**余弦**，**正接**を順に次の式で定義する．

$$\sin A = \frac{a}{c}, \qquad \cos A = -\frac{b}{c}, \qquad \tan A = -\frac{a}{b}$$

このように定めると，次の関係が成り立つことが容易に確かめられる．

d. 定　理　$0° \leqq A \leqq 180°$ のとき，次が成り立つ．

$$\sin(180° - A) = \sin A, \qquad \cos(180° - A) = -\cos A \qquad ♡$$

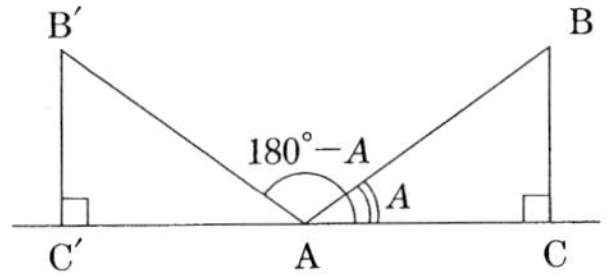

図 5.38

ところで，前ページの図 5.34 でも上の図 5.37 でも，△ABC は直角 3 角形である．したがって，ピタゴラスの定理（5.2 節 a）より，

$$a^2 + b^2 = c^2$$

ゆえに，

$$\left(\frac{a}{c}\right)^2 + \left(\frac{b}{c}\right)^2 = 1$$

この式を $\sin$ と $\cos$ を使って書き直すと，次が得られる．

e. 定　理　$0° \leqq A \leqq 180°$ に対して，次が成り立つ．

$$\sin^2 A + \cos^2 A = 1 \qquad ♡$$

5.7 三角比と正弦法則・余弦法則　　　　　　　　99

三角比の間には，この他に覚えきれないほどの関係式が知られているが，ここでは深入りしないで，図形の話に戻ることにする．

△ABC において，3.4 節（図 3.19）に従って，次のように表す．

　　　　辺の長さを　　　　(BC) $= a$,　　　(CA) $= b$,　　　(AB) $= c$

　　　　角の大きさを　　　($\angle$A) $= A$,　　($\angle$B) $= B$,　　($\angle$C) $= C$

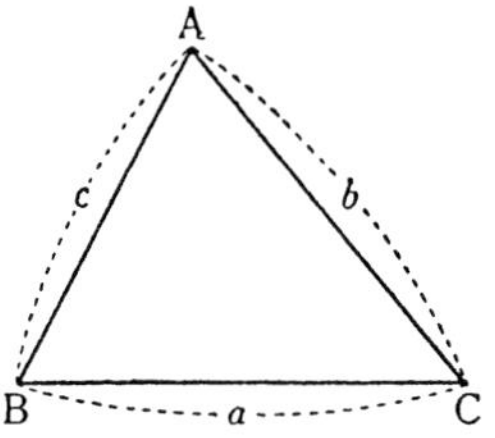

図 5.39

この a, b, c, A, B, C の間の関係を調べるのが目的である．

3 角形の角が決まれば形が決まるから，辺の長さの比も決まるはずである．これについては，次が成り立つ．

f.　定理（正弦法則）　△ABC において，R をその外接円の半径とすると，

$$\frac{a}{\sin A} = \frac{b}{\sin B} = \frac{c}{\sin C} = 2R$$

証明　△ABC の外接円を $S = S(O, R)$ とし，B を通る直径の他端を D とすると，円周角の定理（4.2 節 a,b）により，

$$\angle \text{BCD} = 90^\circ, \qquad (\angle \text{A}) = (\angle \text{D})$$

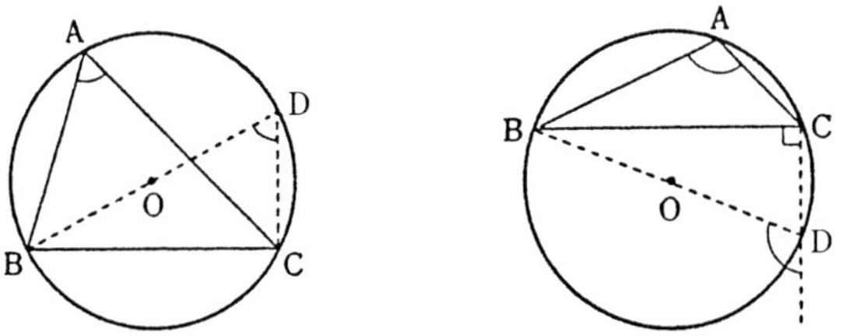

図 5.40

もし $\angle$A が鈍角であれば，□ABDC は S に内接するから，4.2 節 h–(1) により，$D = (\angle \text{D}) = 180^\circ - A$ である．よって，定理 5.7 節 d より，

$$\sin A = \sin D = \frac{\text{(BC)}}{\text{(BD)}} = \frac{a}{2R} \qquad \therefore \ \frac{a}{\sin A} = 2R$$

同じようにして，$b/\sin B = 2R$, $c/\sin C = 2R$ が得られる．　　　$\heartsuit$

正弦法則によって，3角形の2つの角の大きさが与えられれば，3辺の比が求められる．また，1辺の長さと2つの角の大きさが与えられれば，残りの2辺の長さがわかる．

g. 練習 △ABC の外接円の半径を R とすると，

(1) $(\triangle \mathrm{ABC}) = abc/4R$

(2) 点 A を通り，それぞれ点 B, C で直線 BC に接する2つの円周の半径を p, q とすれば，$pq = R^2$.　　♡

3角形で2辺の長さとその間の角の大きさが与えられれば，第3の辺の長さが求められる．それについては，次が成り立つ．

h. 定理（余弦法則） △ABC において，

$$a^2 = b^2 + c^2 - 2bc \cos A, \qquad \cos A = \frac{b^2 + c^2 - a^2}{2bc}$$

$$b^2 = c^2 + a^2 - 2ca \cos B, \qquad \cos B = \frac{c^2 + a^2 - b^2}{2ca}$$

$$c^2 = a^2 + b^2 - 2ab \cos C, \qquad \cos C = \frac{a^2 + b^2 - c^2}{2ab}$$

証明 すべての等式を書きあげたが，もちろん最初の等式を証明すれば十分である．頂点 B から直線 CA に下ろした垂線の足を D とする．

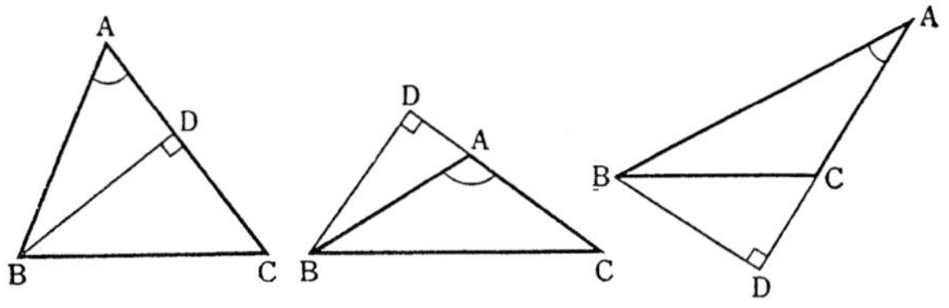

図 5.41

これらの図のいずれの場合にも，

$$(\mathrm{BD}) = c \sin A, \qquad (\mathrm{CD}) = |b - c \cos A|$$

よって，ピタゴラスの定理（5.2 節 a）と定理 5.7 節 e より，

$$
\begin{aligned}
a^2 = (\mathrm{BD})^2 + (\mathrm{CD})^2 &= (c \sin A)^2 + (b - c \cos A)^2 \\
&= c^2 \sin^2 A + b^2 - 2bc \cos A + c^2 \cos^2 A \\
&= b^2 + c^2 (\sin^2 A + \cos^2 A) - 2bc \cos A \\
&= b^2 + c^2 - 2bc \cos A \qquad ♡
\end{aligned}
$$

5.7 三角比と正弦法則・余弦法則 101

i. 定理（スチュワートの定理） △ABC の辺 BC を $m:n$ に内分する点を D とすれば，

$$n(\mathrm{AB})^2 + m(\mathrm{AC})^2 = (n+m)(\mathrm{AD})^2 + \frac{mn}{m+n}(\mathrm{BC})^2$$

$$= (m+n)(\mathrm{AD})^2 + n(\mathrm{BD})^2 + m(\mathrm{CD})^2$$

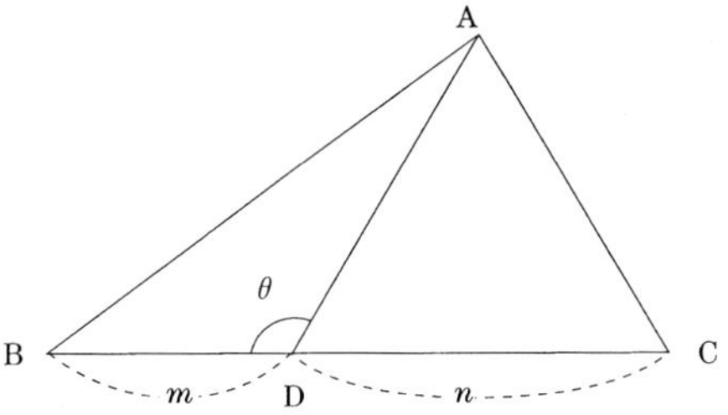

図 **5.42**

証明 まず，次の等式が成立するすることに注意する．

$$(\mathrm{BD}) = \frac{m}{m+n}(\mathrm{BC}), \qquad (\mathrm{CD}) = \frac{n}{m+n}(\mathrm{BC}) \qquad \cdots ①$$

この ① を代入することにより，2 番目の等号が成り立つことが示される．

さて，$(\angle \mathrm{ADB}) = \theta$ とおき，△ABD，△ACD に余弦法則を適用すると，① と 5.6 節 d の関係式 $\cos(180° - \theta) = -\cos\theta$ を考慮すれば，

$$(\mathrm{AB})^2 = (\mathrm{AD})^2 + \left(\frac{m}{m+n}(\mathrm{BC})\right)^2 - 2(\mathrm{AD}) \cdot \frac{m}{m+n}(\mathrm{BC})\cos\theta$$

$$(\mathrm{AC})^2 = (\mathrm{AD})^2 + \left(\frac{n}{m+n}(\mathrm{BC})\right)^2 + 2(\mathrm{AD}) \cdot \frac{n}{m+n}(\mathrm{BC})\cos\theta$$

が得られる．上の式に n を，下の式に m を掛けて辺々加えると 1 番目の等式が得られる． ♡

★ 上の定理はスチュワート（Stewart, 1717-1785）が 1740 年に発表したので，彼の名前がつけられているが，紀元前 300 年頃アルキメデス（Archimedes, B.C. 287?-212）が発見したともいわれている．この定理で，$m:n = 1:1$ とすると，D は辺 BC の中点で，$(\mathrm{BC}) = 2(\mathrm{BD})$ であるから，定理の等式は

$$(\mathrm{AB})^2 + (\mathrm{AC})^2 = 2((\mathrm{AD})^2 + (\mathrm{BD})^2)$$

となって，中線定理（パップスの定理，5.2 節 d）となる．$(\angle \mathrm{A}) = \angle R$ なる直角 3 角形 ABC で，斜辺 BC の中点 D はその外心であるから，$(\mathrm{AD}) = (\mathrm{BD})$ で，上の等式はピタゴラスの定理（5.2 節 a）の等式となる．

102　　　　　　　　　　　5. 比 例 と 相 似

j. 3角形の角の2等分線の長さ　△ABCの3辺の長さa, b, cが与えられると，その中線の長さは，中線定理（パップスの定理，5.2節d）から求めることができる．同様に，3角形の頂角の2等分線の長さも求めることができる．証明の方法はいろいろあるが，せっかくなのでスチュアートの定理（5.7節 i）を使う方法を紹介しよう．

△ABCにおいて，∠Aの2等分線と辺BCの交点をDとすると，定理5.3節eより，

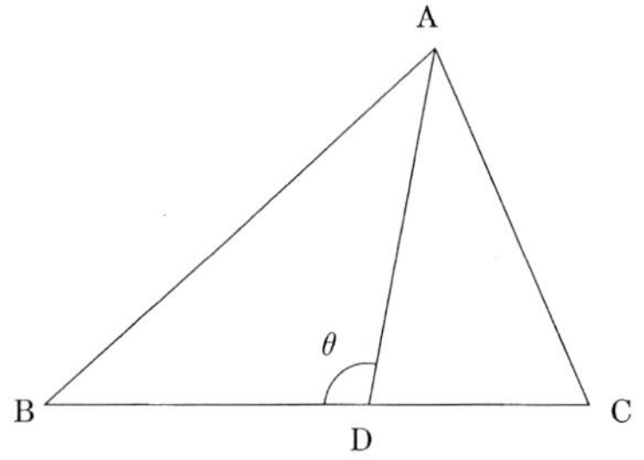

図 **5.43**

$$(BD) : (DC) = (AB) : (AC) = c : b$$

$$\therefore (BD) = \frac{ca}{b+c}, \qquad (CD) = \frac{ba}{b+c}$$

これらを，スチュアートの定理（5.7節 i）の等式に代入し，$b+c$で両辺を割って整理すると，次の式が得られる．

(1) 3角形の角の2等分線の長さ：

$$(AD)^2 = bc - \frac{ca}{b+c} \cdot \frac{ba}{b+c} = (AB) \cdot (AC) - (BD) \cdot (CD)$$

上の右辺を変形すると，次の式になる．

(2) $(AD) = \dfrac{\sqrt{bc(a+b+c)(b+c-a)}}{b+c}$

△ABCの面積（5.2節b）は，一般にsinの定義から，次のように表せる．

(3) $(\triangle ABC) = \dfrac{1}{2}bc\sin A = \dfrac{1}{2}ca\sin B = \dfrac{1}{2}ab\sin C$

この事実と，三角比の公式（本書では扱っていない）を使うと，上の角の2等分線ADの長さは，次のようにも求められる．

(4) $(AD) = \dfrac{2bc}{b+c}\cos\dfrac{A}{2}$

6

多 辺 形 と 円 周

この章では，これまで準備してきたすべての道具を動員して，平面幾何の有名な
定理をいくつか紹介することにします．多少，寄せ集めの観がありますが，入門
書では目標とする定理がほとんどです．

6.1　3 角 形 と 円 周

a.　定理（オイラー線）　△ABC の外心を O，重心を G，垂心を H とする
とき，G は線分 OH 上にあり，これを $1:2$ に内分する．

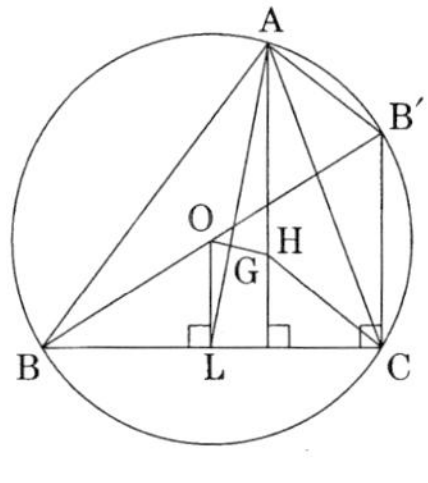

図 6.1

証明　辺 BC の中点を L とし，線分 AL と OH の交点を G′ とする．
OL ⊥ BC，AH ⊥ BC だから，OL ∥ AH.

よって △AHG′ ∽ △LOG′ であり，その相似比は定理 4.4 節 e によって，$2:1$
である．したがって，

$$(AG') : (LG') = (AH) : (LO) = 2 : 1$$

AL は中線だから，3.6 節 a より，G′ は △ABC の重心 G と一致する．　　♡

★　この定理の直線 OGH を △ABC の**オイラー線**という．オイラーが発見したと
いわれているが，オイラー以前に他の人が発見した可能性も指摘されている．

104　　　　　　　　6. 多辺形と円周

　次の定理もオイラーの定理あるいはオイラーの公式として有名であり，また
実際，美しくもあり有効でもある.「内心」と「外心」ときたら「オイラーの公
式」といわれるほどである. 証明の方法もいろいろあるが，前節で述べた方べ
きの定理を使う証明を紹介する.

b. 定理（オイラーの公式）　△ABC の外心を O，内心を I，外接円と内接
円の半径を，それぞれ R, r とし，距離 (OI) を d とすれば，

$$d^2 = R^2 - 2rR; \qquad R^2 - d^2 = 2rR$$

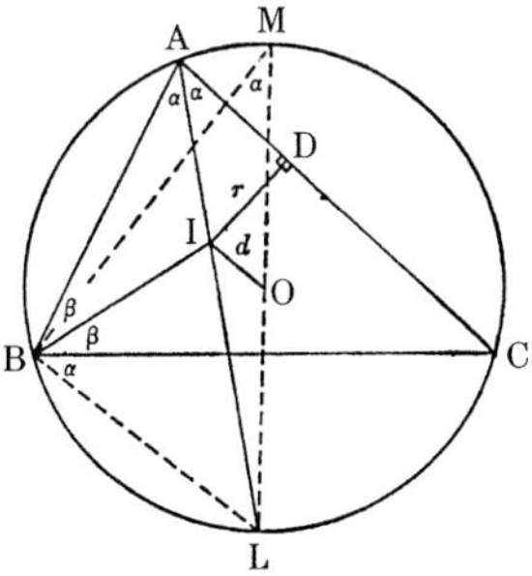

図 6.2

　証明　（ヒント：後の方の等式の左辺は，点 I の △ABC の外接円に関する方
べきである. よって，I を通る適当な弦を探せばよい.）頂角 A の 2 等分線と外
接円 $S = S(\mathrm{O})$ との交点を L とすると，円周角の定理の系（4.2 節 c）によっ
て，L は弧 BC を 2 等分し，内心の性質から AL は点 I を通る. L を通る S の
直径の他端を M とする. いま，$\alpha = (\angle\mathrm{A})/2,\ \beta = (\angle\mathrm{B})/2$ とおけば，

$$(\angle\mathrm{BML}) = (\angle\mathrm{BAL}) = \alpha, \qquad (\angle\mathrm{LBC}) = (\angle\mathrm{LAC}) = \alpha$$

頂点 I における △ABI の外角は，$(\angle\mathrm{BIL}) = \alpha + \beta = (\angle\mathrm{LBI})$ だから，△LBI
は 2 等辺 3 角形である；(LI) = (LB).

　また，点 I から辺 AC に下ろした垂線の足を D とすると，(ID) = r.

　そこで，方べきの定理（5.6 節 a）に上の等式を代入して変形すると，

$$R^2 - d^2 = (\mathrm{LI}) \cdot (\mathrm{IA}) = (\mathrm{LB}) \cdot (\mathrm{IA})$$

$$= \frac{(\mathrm{LM}) \cdot (\mathrm{LB}) \cdot (\mathrm{IA}) \cdot (\mathrm{ID})}{(\mathrm{LM}) \cdot (\mathrm{ID})} = (\mathrm{LM}) \cdot \frac{(\mathrm{LB})/(\mathrm{LM})}{(\mathrm{ID})/(\mathrm{IA})} \cdot (\mathrm{ID})$$

$$= (\mathrm{LM}) \cdot \frac{\sin\alpha}{\sin\alpha} \cdot (\mathrm{ID}) = (\mathrm{LM}) \cdot (\mathrm{ID}) = 2R \cdot r = 2rR \qquad ♡$$

6.1 3角形と円周

次の定理は，3角形の主要な9個の点が同一円周上にあることを示すもので，その美しさに感動した者も多い．その円周をその3角形の**九点円**という．

c. 定理（九点円） △ABC の辺 BC, CA, AB の中点を L, M, N とし，頂点 A, B, C から対辺に下ろした垂線の足を D, E, F とし，垂心を H，線分 AH, BH, CH の中点を U, V, W とする．このとき，D, E, F, L, M, N, U, V, W の9個の点は同一円周上にある．

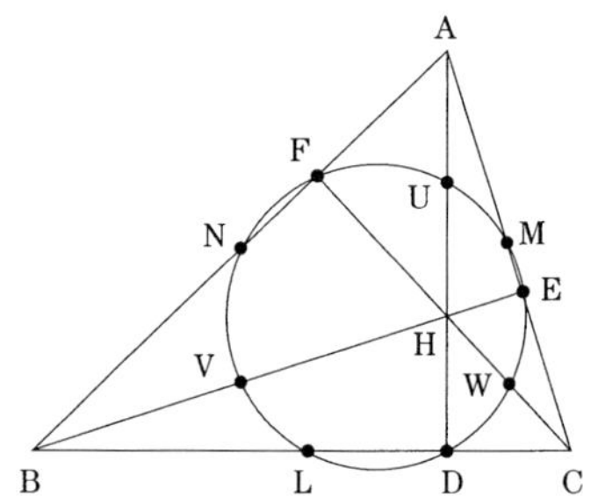

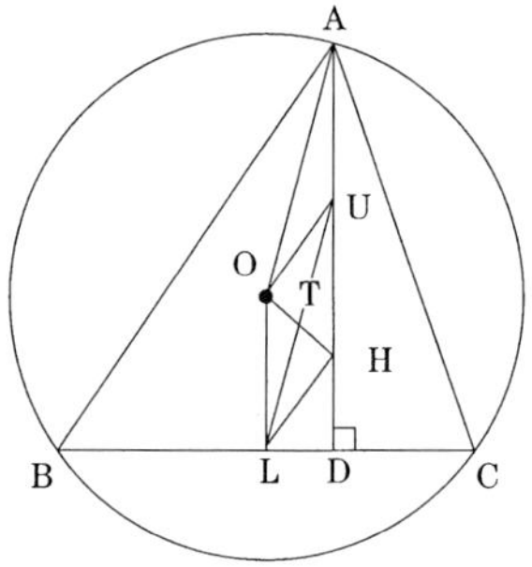

図 6.3

証明 △ABC の外心を O，外接円の半径を r とする．線分 OH の中点を T とし，T を中心とする半径 $r/2$ の円周 S が求める円周であることを示す．

まず，3点 L, U, D が円周 S 上にあることを示す．

定理 4.4 節 e より，(AH) = 2(OL) だから，

$$(OL) = (HU) = (AU)$$

OL ∥ AD より，   OL ∥ UH， OL ∥ AU

よって，□OLHU，□OLUA はともに平行4辺形となる．平行4辺形の性質（3.5節 b）の (3) と (1) から，

□OLHU の対角線 OH の中点 T は対角線 LU の中点

□OLUA の対辺について， (LU) = (OA) = r

よって，2点 L, U は確かに円周 S 上にある．

さらに，(∠LDU) = 90° であるから，円周角の定理とその逆によって，点 D もまた線分 LU を直径とする円周 S 上にある．

まったく同様にして，3点 M, V, E も 3点 N, W, F も円周 S 上にあることが示されるから，9点はすべて円周 S 上にある．   ♡

106   6. 多辺形と円周

d. 系 1 △ABC の外心 O, 重心 G, 九点円の中心 T, 垂心 H はこの順に同一直線上にあり, G は線分 OH を 1:2 に内分する点で, T は線分 OH の中点である.   ♡

e. 系 2 上の定理 c の記号のもとで, △ABC の中点 3 角形 LMN (3.6 節 b) と垂足 3 角形 DEF (3.6 節 f) の外接円はともに △ABC の九点円となり, 一致する.   ♡

f. 系 3 △ABC の外接円 S は, その 3 つの傍心 K_a, K_b, K_c を結んでできる △$K_a K_b K_c$ の九点円である (ヒント:傍心の性質 (3.6 節 f–(4)) と九点円の定理 (6.1 節 c) から容易にわかる).   ♡

★ 「九点円」の名付け親はポンスレー (Poncelet, 1788-1867) である. オイラーは九点円とは別に上の系 2 を証明したので, ヨーロッパの学者はしばしばこの円周を「オイラーの円」とよんでいる. 1804 年のビーヴァン (Bevan) のイギリスの雑誌に載った論文によると, この頃すでにこの定理は知られていたようである. 最初の完全証明はポンスレーであり, 1821 年のことである. また, フランスのブリアンション (Brianchon, 1785-1864) の発見という説もある. 遅れてドイツのフォイエルバッハ (Feuerbach, 1800-1834; 有名な哲学者フォイエルバッハ (1804-1872) の次兄) は, これらの結果を再発見し, さらに多くの新しい性質を付け加えたが, それらが見事であったので, 九点円のことを「フォイエルバッハの円」とよぶ人も多い. 次は誰もがフォイエルバッハの定理とよぶもので, 九点円の内容をさらに深くしたものである. 証明はかなり難しいので省略する.

g. 定理 (フォイエルバッハの定理) △ABC の九点円は, △ABC の内接円および 3 つの傍接円 (つまり, 4 個の 3 接円) に接する.   ♡

★ △ABC の垂心を H とすると, A は △HBC の垂心, B は △HCA の垂心, C は △HAB の垂心である (3.5 節 f–2) 問). したがって, 4 個の 3 角形 △ABC, △HBC, △HCA, △HAB の九点円 S は共通 (実際, △LMN の外接円) で, これら 4 個の 3 角形の 16 個の 3 接円がすべて S と接することになる.

h. 定理（シムソン線） △ABC と 1 点 P がある．P から，3 直線 BC, CA, AB に下ろした垂線の足を，それぞれ D, E, F とする．

P が △ABC の外接円上にある $\Longleftrightarrow$ 3 点 D, E, F は同一直線上にある

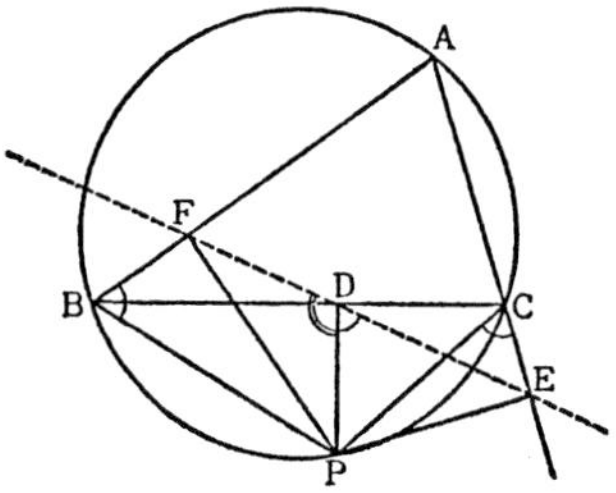

図 6.4

証明 〔$\Longrightarrow$ の証明〕△ABC の外接円を S とする．点 P は弧 BC 上にある場合に証明すれば十分である．

$(\angle BDP) = (\angle BFP) = 90°$ だから，円周角の定理の逆（4.2 節 e）により，4 点 B, P, D, E は（線分 BP を直径とする）同一円周上にあるので，円周角の定理（4.2 節 a）により，

$$(\angle BDF) = (\angle BPF) \qquad \cdots ①$$

同様に，
$$(\angle CDE) = (\angle CPE) \qquad \cdots ②$$

□ABPC は円周 S に内接しているから，4.2 節 i により，

$$(\angle PBF) = (\angle PCE)$$

さらに，$(\angle PFB) = (\angle PEC) = 90°$ であるから，5.5 節 c により，

$$\triangle BPF \backsim \triangle CPE$$

$$\therefore (\angle BPF) = (\angle CPE) \qquad \cdots ③$$

①，②，③ より，$(\angle BDF) = (\angle CDE)$ だから，$(\angle EDF) = 180°$ となり，3 点 D, E, F は同一直線上にある．

〔$\Longleftarrow$ の証明〕ほとんど上の逆をたどるだけであるから，省略する． ♡

★ 上の定理で，3 点 D, E, F を通る直線は △ABC の点 P に関する**シムソン線**という名で知られている．イギリスの数学者シムソン（Simson, 1687-1768）は，ギリシャ数学の信奉者として『原論』の校訂を行い，幾何にも算術にもかなりの業績をあげた．しかし彼の論文中にはこの定理は見つからない．実際にはウォーレス（Wallace, 1768-1843）が 1797 年に発見している．

6.2 4辺形と円周

ここから4辺形にまつわる話題を提供する．最初の定理も有名で，多くの証明方法があるが，前ページのシムソン線の概念を使う方法を紹介する．

a. 定理（トレミーの定理） □ABCD が円周に内接するための必要十分条件は，2組の対辺どうしの積の和が対角線の積に等しいことである；

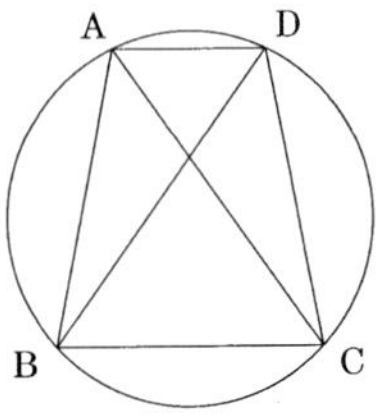

図 6.5

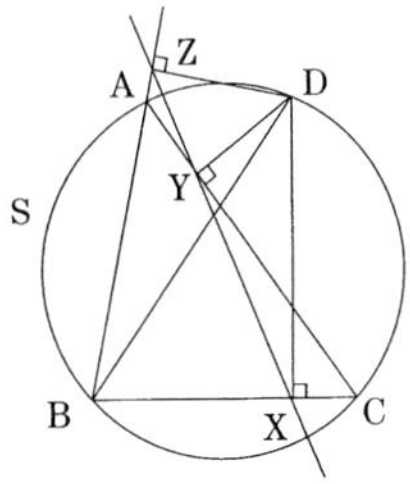

図 6.6

証明 〔⟹ の証明〕S を △ABC の外接円とし，その半径を R とする．また，$(BC) = a$，$(CA) = b$，$(AB) = c$ とする．D から3直線 BC, CA, AB に下ろした垂線の足を，それぞれ，X, Y, Z とすると（図6.6），シムソン線の定理6.1節 h より，これらは同一直線上にある．

$(\angle CXD) = (\angle CYD) = 90°$ だから，円周角の定理の逆により，点 X, Y は線分 CD を直径とする円周上にある．つまり，D は △CXY の外接円上にある．△CXY と △ABC に正弦法則を適用すると，

$$\frac{(XY)}{\sin C} = (CD), \quad \frac{c}{\sin C} = 2R \quad だから，\quad (XY) = c\frac{(CD)}{2R}$$

同様にして（証明の途中で定理5.7節 d の関係を使うことがあるが），

$$(YZ) = a\frac{(AD)}{2R}, \qquad (ZX) = b\frac{(BD)}{2R}$$

ここで，$\qquad (XY) + (YZ) = (ZX) \qquad \cdots ①$

だから，$\qquad c(CD) + a(AD) = b(BD)$

すなわち，$\qquad (AB) \cdot (CD) + (BC) \cdot (AD) = (AC) \cdot (BD)$

〔⟸ の証明〕点 Y が線分 XZ 以外のどんな場所にあろうとも，上の証明中の等式 ① は"3角不等式"

$$(XY) + (YZ) > (ZX)$$

に置き換えなければならないから，したがって，

$$(AB) \cdot (CD) + (BC) \cdot (AD) > (AC) \cdot (BD) \qquad \cdots ②$$

これは，点 D が △ABC の外接円上の弧 CA 上にないときは，いつでも不等式 ② が成り立つことを示している． ♡

上の証明は，トレミーの定理が次のように拡張されることを示している．

b. 系 □ABCD について，次が成り立つ．

$$(AB) \cdot (CD) + (BC) \cdot (AD) \geq (AC) \cdot (BD) \qquad ♡$$

★ トレミー (Ptolemy, 85-165) は，ラテン名をプトレマイオスというギリシャの大天文学者である．主著に『アルマゲスト (Almagest)』という 13 巻の天文学・数学の大著があり，ギリシャ数学の集大成ともいわれる．

ここで，多角形についていくつか言葉を導入し，基本的な性質を調べて，後に備えることにする．

c. 内接多角形 n 辺形 $C = C(A_1, A_2, \cdots, A_n)$ の隣り合う 2 頂点を結ぶ線分 $A_i A_{i+1}$ が辺であった (2.2 節 a)．隣り合わない 2 頂点を結ぶ線分 $A_i A_j$ を C の**対角線**という．(4 辺形の対角線は 3.5 節 a で定義してある．) 各頂点から $n-3$ 本の対角線が引けるから，n 辺形には $n(n-3)/2$ 本の対角線があることになる．

n 辺形 C が単純であるとき，C と C が囲む有界領域を合わせた図形 Π を，C を境界とする n 角形とよび，有界領域をその内部とよんだ (2.2 節 e)．n 角形 Π が凸であるとは，Π の任意の 2 点 A, B について，線分 AB が Π 内にある場合であった (2.2 節 e)．n 角形 Π が**退化している**とは，ある連続する 3 頂点 A_{i-1}, A_i, A_{i+1} が同一直線上にある場合をいう．この場合，図形としては，Π は $(n-1)$ 角形と同じである．

さて，n 角形 Π の**対角線**は，その境界 C の対角線で定める．Π の対角線の $A_i A_j$ うちで，(両端点の A_i と A_j を除いて) Π の内部に含まれるものを**内部対角線**という．

n 辺形 C のすべての頂点が円周 S の上にあるとき, C は S に内接するといい, S を C の外接円とよんだ（2.3 節 f）. 円周に内接する n 角形については, 次のことが成り立つ.

(1) n 角形 Π が円周 S に内接するならば, Π は凸で退化していない. したがって, $n(n-3)/2$ 本の対角線はすべて内部対角線である.

実際, S は Π の連続する 3 頂点のつくる 3 角形の外接円であり, 退化しないことは明らかである. Π の任意の辺 A_iA_{i+1} について, Π は直線 A_iA_{i+1} が分割する半平面の一方にあり, したがって, Π はこれらの辺を含む直線が分割する n 個の半平面の共通部分である. よって, 2.2 節 c–(1) より, Π は凸である.

さて, ここで 4 辺形に話を戻そう.

d. 内接 4 角形の面積 図 6.6 (1) のような円周 S に内接する □ABCD を考える. a, b, c, d は辺の長さで, ℓ, m, n は対角線の長さである.

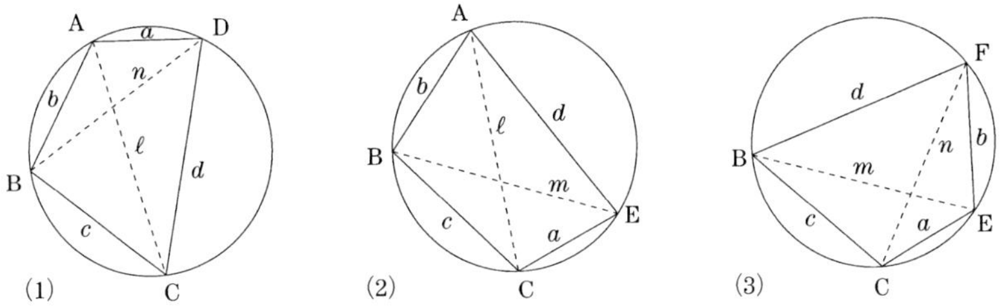

図 **6.7**

上の 6.2 節 c で確かめたように, S に内接する 4 角形はすべて凸で退化していないことに注意する. 図 6.7 (1) の □ABCD を, 対角線 AC で切断し, 頂点 D を含む方の 3 角形 ACD を裏返して辺 AC と CA をまた付け合わせると, 同じ円周 S に内接する 4 角形ができる. これが図 6.7 (2) で, D の移った先を E で示してある（実際, □ABCE が S に内接することは,（4.2 節 h）によって確かめることができる）. この □ABCE を, 対角線 BE で切断し, 頂点 A を含む方の 3 角形を裏返してまた付け合わせて得られた 4 辺形が図 6.7 (3) である. ここでは A の移った先を F で示した. □FBCE もまた S に内接している.

ところで, これ以上の変形は無駄である. というのは, 図 6.7 の 3 個の 4 角形について, その対角線を利用して同じ操作を繰り返しても, 得られる 4 角形

6.2 4辺形と円周　　　　　　　　　　　111

は図 6.7 の 3 個の 4 角形のいずれかと合同になるからである（もう少し正確に述べると，$a = b = c = d$ の場合は正方形で 1 つ，$a = b \neq c$ の場合は 2 つの合同でない 4 角形ができる）．

図 6.7 の 3 個の 4 角形の特徴は，いずれも周の長さが $a + b + c + d$ であり，作り方から，その面積が等しいことである．その共通の面積は，トレミーの定理（6.2 節 a）から，

$$\ell n = ac + bd, \qquad \ell m = ab + cd, \qquad mn = ad + bc$$

となる．これらの右辺を比べることによって，「円周に内接する 4 角形の面積は，4 辺の長さの対称関数である」ことがわかる．実際，次のようになる．

(1) 円周に内接する □ABCD の 4 辺の長さを図 6.8 のように，a, b, c, d とし，$2s = a + b + c + d$ とすれば，

$$(\square ABCD)^2 = (s - a)(s - b)(s - c)(s - d)$$

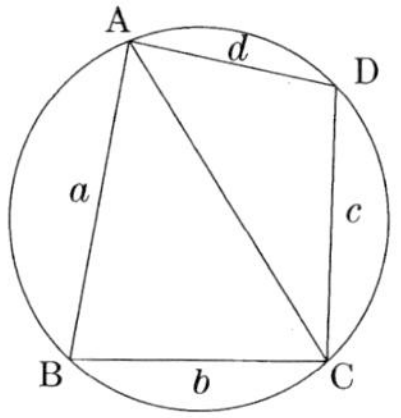

図 6.8

証明　$(\square ABCD) = K$ とし，$(\angle B) = B$，$(\angle D) = D$ とする．$B + D = 180°$ だから，　　$\cos D = -\cos B$，　$\sin D = \sin B$　　　$\cdots$①

余弦法則から，　　$a^2 + b^2 - 2ab\cos B = c^2 + d^2 - 2cd\cos D$

① を代入して変形すると，

$$2(ab + cd)\cos B = a^2 + b^2 - c^2 - d^2 \qquad \cdots ②$$

一方，3 角形の面積の公式（5.7 節 j–(3)）と ① から，

$$K = \frac{1}{2}ab\sin B + \frac{1}{2}cd\sin D = \frac{1}{2}(ab + cd)\sin B$$

だから，　　$2(ab + cd)\sin B = 4K$　　　$\cdots$③

② 式と ③ 式を 2 乗して加えると，定理 5.7 節 e より，

$$4(ab + cd)^2 = (a^2 + b^2 - c^2 - d^2)^2 + 16K^2$$

$$\therefore \ 16K^2 = (2ab + 2cd)^2 - (a^2 + b^2 - c^2 - d^2)^2$$

この後は，式の変形だけであるから，省略する．　　♡

112   6. 多辺形と円周

(2) **問題**：□ABCD が 1 つの円周に内接し，かつ他の円周に外接しているならば，$(\square \mathrm{ABCD})^2 = abcd$.   ♡

公式 (1), (2) をブラーマグプタの公式という．ブラーマグプタ（Brahmagupta, 598-660）はインドの天文学者で数学者.『天文学講義』を著し，算術・代数・幾何・三角法など広い分野で活躍し，2 次方程式・不定方程式の研究で有名である．ブラーマグプタは，次の特殊な内接 4 角形の性質も発見している．

e.　ブラーマグプタの定理　円周 S に内接する □ABCD の対角線が点 P で直交しているとき，次が成り立つ．
(1) P を通って 1 辺に垂直な直線は，対辺の中点を通る．
(2) 逆に，P を通って 1 辺の中点を通る直線は，対辺に垂直である．

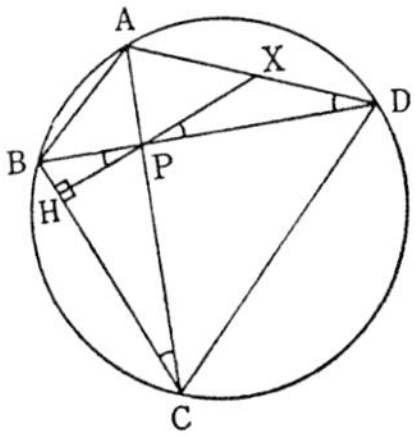

図 6.9

証明　(1) P から辺 BC へ下ろした垂線の足を H とし，PH と辺 AD の交点を X とすれば，円周角の定理（4.2 節 a）と対頂角の性質などから，

$(\angle \mathrm{DPX}) = (\angle \mathrm{BPH}) = (\angle \mathrm{PCH}) = (\angle \mathrm{ACB}) = (\angle \mathrm{ADB}) = (\angle \mathrm{XDP})$

である．ゆえに △XPD は 2 等辺 3 角形である；$(\mathrm{XP}) = (\mathrm{XD})$.

同様にして，△XAP も 2 等辺 3 角形である；$(\mathrm{XA}) = (\mathrm{XP})$.

$$\therefore \ (\mathrm{XA}) = (\mathrm{XP}) = (\mathrm{XD})$$

(2) 辺 AD の中点を X とし，直線 XP と BC の交点を H とする．このとき，△ADP は直角 3 角形で，X はその斜辺の中点だから，

$$(\mathrm{XA}) = (\mathrm{XP}) \qquad \therefore \ (\angle \mathrm{XAP}) = (\angle \mathrm{XPA})$$

また，円周角の定理と対頂角の性質から，

$(\angle \mathrm{XAP}) = (\angle \mathrm{CBP}) = (\mathrm{PBH}), \qquad (\angle \mathrm{BPH}) = (\angle \mathrm{XPD})$

$\therefore \ (\angle \mathrm{BHP}) = (\angle \mathrm{PBH}) + (\angle \mathrm{BPH})$

$$= (\angle \mathrm{XAP}) + (\angle \mathrm{DPX}) = (\angle \mathrm{XPA}) + (\angle \mathrm{XPD}) = 90° \quad ♡$$

6.2 4辺形と円周 *113*

多角形 Π のすべての辺がある円周 S と接するとき，3角形の場合と同じように，Π は S に **外接する** といい，S をその **内接円** という．

こんどは，外接4辺形についての性質を2つ紹介する．

f. 定 理 □ABCD がある円周 S に外接するならば，

$$(AB) + (CD) = (AD) + (BC)$$

証明 □ABCD と S との接点を図 6.10 のように，P, Q, R, S とすれば，接線の長さは等しいから（2.3 節 i），

$$(AP) = (AS), \qquad (BP) = (BQ), \qquad (CQ) = (CR), \qquad (DR) = (DS)$$

$$\therefore (AB) + (CD) = \{(AP) + (PB)\} + \{(CR) + (RD)\}$$
$$= (AS) + (BQ) + (CQ) + (DS)$$
$$= \{(AS) + (SD)\} + \{(BQ) + (QC)\}$$
$$= (BC) + (DA) \qquad \heartsuit$$

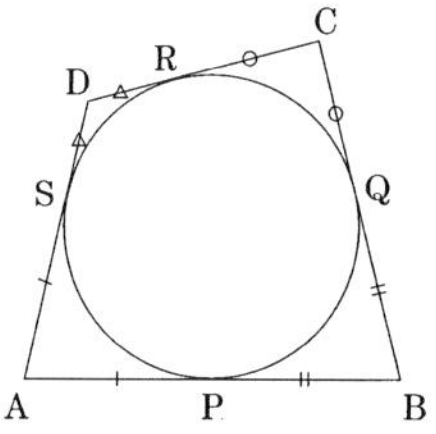

図 6.10 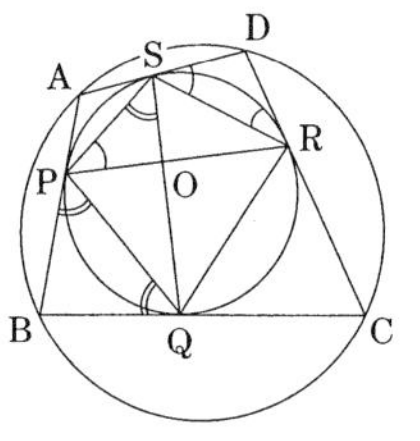   図 6.11

g. 定 理 円周に内接する □ABCD が，他の円周 S に外接し，その接点を P, Q, R, S とすれば，2直線 PR と QS は直交する；PR ⊥ QS．

証明 図 6.11 を参照．□ABCD は S に外接しているから，

$$(BP) = (BQ) \qquad \therefore (\angle BPQ) = (\angle BQP)$$
$$(DR) = (DS) \qquad \therefore (\angle DRS) = (\angle DSR)$$

また，円周に内接することから 4.2 節 h より，$(\angle B) + (\angle D) = 180°$
よって，△BPQ と △DRS の内角について，

$$(\angle BPQ) + (\angle DSR) = 180° - \{(\angle B) + (\angle D)\}/2 = 90° \qquad \cdots ①$$

さらに，接弦定理（4.2 節 f）より，

$$(\angle BPQ) = (\angle PSQ), \quad (\angle DSR) = (\angle RPS) \qquad \cdots ②$$

ゆえに，PR と QS の交点を O とすると，① と ② から，

$$\angle POS = 180° - \{(\angle PSQ) + (\angle RPS)\} = 90°; \qquad PR \perp QS \qquad \heartsuit$$

6.3 パップスの定理・デザルグの定理・パスカルの定理

この節では，表題に掲げた 3 つの重要な定理を紹介する．

パップス（Pappus）は紀元 300 年頃，ギリシャ，アレクサンドリアで活躍した古代最後の偉大な幾何学者で，『数学全書（Mathematica collections）』 8 巻を著した．パップスの名はすでに 5 章の中線定理（5.2 節 d）で現れているが，次に述べる定理は 17 世紀になって射影幾何の基礎で重要な役割を果たすことが認識された．いろいろな表現があるが，次はその 1 つである．

a. パップスの定理　相異なる 2 直線 ℓ, m があって，ℓ 上に 3 点 A, C, E が，m 上に 3 点 B, D, F があるような 6 辺形 $C(A, B, C, D, E, F)$ がある．この相対する 3 組の辺を含む直線 AB と DE，CD と FA，EF と BC が，それぞれ 1 点 P, Q, R で交わるとすれば，3 点 P, Q, R は同一直線上にある．

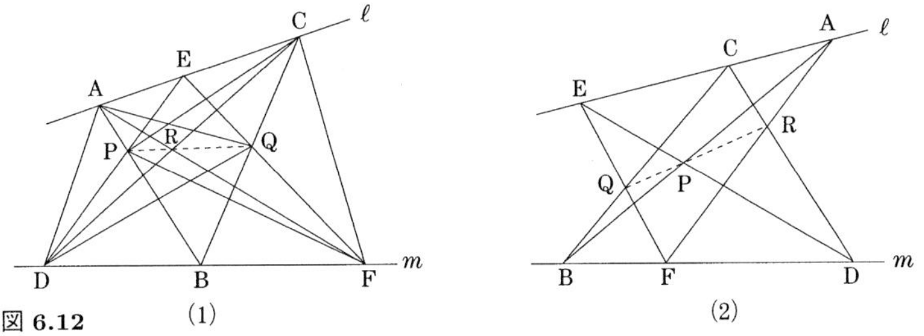

図 6.12　(1)　　　　　(2)

この定理の"射影"的な性質は，これが純粋な結合の定理であって，長さや角の大きさなどには関係なく，また頂点の順序にさえ関係がないことである．上の図 6.12 には，2 つの場合が示してある．"無限遠点"の概念を導入すると，定理の中の「交わるとすれば」の条件もとれて，射影幾何の世界に入るのであるが，深入りはしない．

証明　$\triangle$PAD と $\triangle$PAF は底辺 PA が共通，また $\triangle$QCD と $\triangle$QCF も底辺 QC が共通だから，

$$\frac{(\triangle\mathrm{PAD})}{(\triangle\mathrm{PAF})} = \frac{(\mathrm{DB})}{(\mathrm{BF})}, \quad \frac{(\triangle\mathrm{QCD})}{(\triangle\mathrm{QCF})} = \frac{(\mathrm{DB})}{(\mathrm{BF})}$$

これら 2 つの式から，　$\dfrac{(\triangle\mathrm{PAD})}{(\triangle\mathrm{PAF})} = \dfrac{(\triangle\mathrm{QCD})}{(\triangle\mathrm{QCF})}$　　$\cdots$①

同様の議論を繰り返す. △PAD と △PCD は底辺 PD が共通, △QAF と △QCF は底辺 QF が共通だから,

$$\frac{(\triangle PAD)}{(\triangle PCD)} = \frac{(AE)}{(EC)}, \qquad \frac{(\triangle QAF)}{(\triangle QCF)} = \frac{(AE)}{(EC)}$$

これら 2 つの式から, $\qquad \dfrac{(\triangle PAD)}{(\triangle PCD)} = \dfrac{(\triangle QAF)}{(\triangle QCF)} \qquad \cdots ②$

① を ② で割って, $\qquad \dfrac{(\triangle PCD)}{(\triangle PAF)} = \dfrac{(\triangle QCD)}{(\triangle QAF)}$

よって, $\qquad \dfrac{(\triangle PCD)}{(\triangle QCD)} = \dfrac{(\triangle PAF)}{(\triangle QAF)} \qquad \cdots ③$

ところが, △PCD と △QCD は底辺 CD が共通だから, CD と PQ の交点を S とすれば (図 6.13),

$$\frac{(\triangle PCD)}{(\triangle QCD)} = \frac{(PS)}{(SQ)} \qquad \cdots ④$$

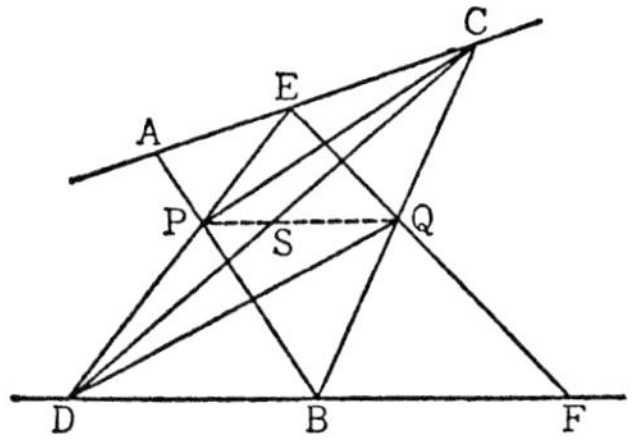

図 6.13 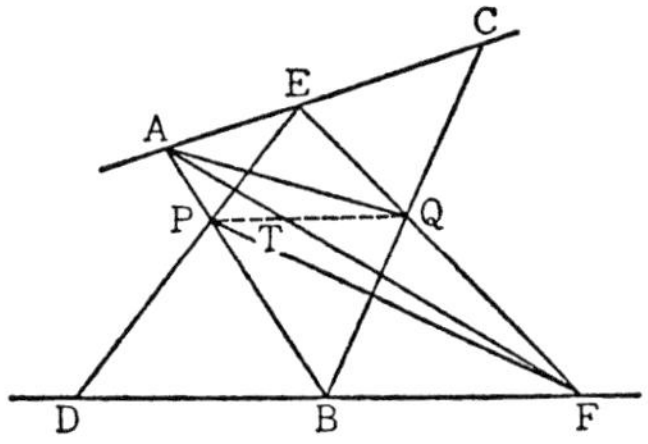　　　　　図 6.14

同じように, △PAF と △QAF は底辺 AF が共通だから, AF と PQ の交点を T とすれば (図 6.14),

$$\frac{(\triangle PAF)}{(\triangle QAF)} = \frac{(PT)}{(TQ)} \qquad \cdots ⑤$$

④ と ⑤ を ③ に代入して, $\qquad \dfrac{(PS)}{(SQ)} = \dfrac{(PT)}{(TQ)}$

これは, S と T が線分 PQ を同じ比に分割することを示している. (図からわかるように), S と T の位置はともに内分するか, 外分するかであるから, S と T は一致する. S = T は, 直線 CD と AF の交点であるから, R とも一致する. すなわち, 3 点 P, Q, R は同一直線上にある. 　　♡

116 6. 多辺形と円周

　次の定理は，フランスの建築家で数学者のデザルグ（Desarugues, 1591-1661）が 1648 年に発見したもので，「両三角形定理」ともよばれ，射影幾何学の基礎となるものの 1 つである．上のパップスの定理から導き出せるが，込み入っていて，メネラウスの定理から導くのが簡単である．デザルグは，透視画法の原理から画法幾何学をつくり出し，射影幾何学の基礎を築いた近代幾何学の創始者のひとりである．

　b. デザルグの定理　2 つの 3 角形 △ABC と △A′B′C′ について，対応する頂点を結ぶ 3 直線 AA′, BB′, CC′ が 1 点 O で交わるとする．このとき，対応する直線 AB と A′B′ の交点 P，BC と B′C′ の交点 Q，CA と C′A′ の交点 R は同一直線上にある．

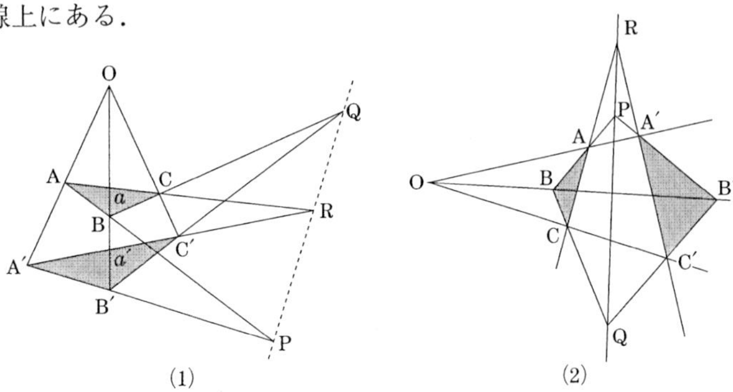

図 **6.15**　　　　　　　(1)　　　　　　　　　　　(2)

この定理も射影的で，いろいろな図が描けるが，上の図 6.15 では代表的なものを 2 つ示した．

　証明　△OAB と直線 A′B′P にメネラウスの定理 (5.4 節 a) を適用すると，

$$\frac{(\mathrm{OA'})}{(\mathrm{A'A})} \cdot \frac{(\mathrm{AP})}{(\mathrm{PB})} \cdot \frac{(\mathrm{BB'})}{(\mathrm{B'O})} = 1$$

同様に，△OBC と直線 B′C′Q，△OAC と直線 RC′A′ にメネラウスの定理を適用すると，

$$\frac{(\mathrm{OB'})}{(\mathrm{B'B})} \cdot \frac{(\mathrm{BQ})}{(\mathrm{QC})} \cdot \frac{(\mathrm{CC'})}{(\mathrm{C'O})} = 1, \qquad \frac{(\mathrm{A'A})}{(\mathrm{OA'})} \cdot \frac{(\mathrm{RC})}{(\mathrm{AR})} \cdot \frac{(\mathrm{C'O})}{(\mathrm{CC'})} = 1$$

これらの 3 式を辺辺掛け合わせると，$\dfrac{(\mathrm{AP})}{(\mathrm{PB})} \cdot \dfrac{(\mathrm{BQ})}{(\mathrm{QC})} \cdot \dfrac{(\mathrm{RC})}{(\mathrm{AR})} = 1$

よって，△ABC と 3 点 P, Q, R にメネラウスの定理の逆 (5.4 節 b) を適用して，3 点 P, Q, R は同一直線上にあることが結論される．　　　♡

6.3 パップスの定理・デザルグの定理・パスカルの定理 *117*

次に，デザルグの定理の逆を証明しよう．

c. デザルグの定理の逆 2つの3角形 $\triangle ABC$ と $\triangle A'B'C'$ について，2直線 AB と A'B'，BC と B'C'，CA と C'A' の交点を，それぞれ，P, Q, R とする．3点 P, Q, R が同一直線上にあるならば，3直線 AA', BB', CC' は1点で交わる．

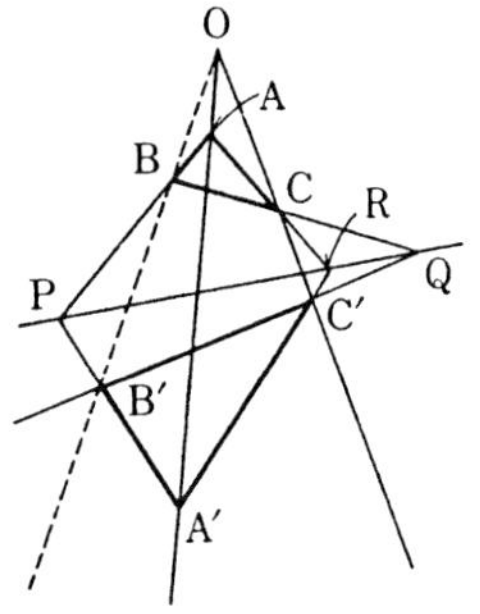

図 6.16

証明 3点 P, Q, R が一直線上にあるから，$\triangle AA'P$，$\triangle CC'Q$ において，対応する頂点を結ぶ3直線 AC, A'C', PQ は1点 R で交わる．

2直線 AA' と CC' の交点を O とすると，2直線 A'P と C'Q，PA と QC は，それぞれ B', B で交わるから，デザルグの定理より，3点 B, B', O は同一直線上にある．よって，3直線 AA', BB', CC' は1点 O で交わる． ♡

★ 点と線から成り立っている2つの図形の間に対応がつけられて，対応する点を結んだ直線が同一点 O を通るとき，2つの図形は1点 O から**配景的**である，または，点 O を中心として**配景の位置**にあるという．また，対応する直線の交点が同一直線 ℓ 上にあるとき，2つの図形は1直線 ℓ から**配景的**である，または，直線 ℓ を軸として**配景の位置**にあるという．射影幾何の精神からいうと，デザルグの定理とその逆は，2つの3角形について，

$$1 \text{点から配景的} \iff 1 \text{直線から配景的}$$

と述べることができる．ただし，平行線が出てくる場合には複雑になるので，定理5.3節 b，5.3節 c では，それを避けて，条件を加えてある．

なお，2つの3角形が1点 O から配景的で，その対応する3組の辺のうち2組が，それぞれ平行ならば，残りの1組の辺も平行である．このときが，5.5節 a の点 O を中心とする相似の位置である．

118　　　　　　　　　　　6. 多辺形と円周

この章の最後は，パスカルの定理で締めくくる．パスカル（Pascal, 1623-1662）はフランスの哲学者で数学者，物理学者であり，紹介する定理はこの天才が 16 歳のときに著した『円錐曲線試論（Essai pour les coniques）』にある．パスカルといえば『パンセ（Pensées sur la religion et sur quelques autres-sujets）』であるが，これはキリスト教弁証論に関する断片原稿が主で，死後に出版された．

d. パスカルの定理　円周に内接する 6 辺形 $C = C(\mathrm{A, B, C, D, E, F})$ の相対する 3 組の辺を含む直線 AB と DE，CD と FA，EF と BC が，それぞれ 1 点 P, Q, R で交わるとすれば，3 点 P, Q, R は同一直線上にある．

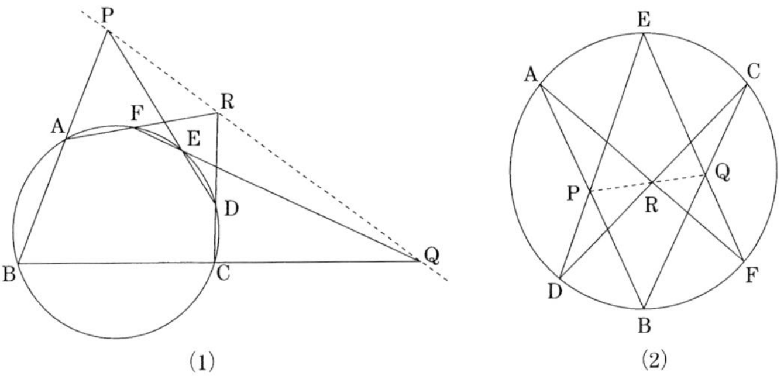

　　　　　　　(1)　　　　　　　　　　　　　　　　(2)

図 6.17

円周に内接する 6 辺形のタイプは，2.3 節 g の例題で調べたように，60 通りある．上の図 6.17 では，このうちの 2 つを示している．ここでは，図 6.17 の (2) の場合について，さらに 1 つの条件を加えて，証明する．残りの 59 通りに対して，議論をどのように変更したらよいかは，読者には容易にわかるであろう．その「条件」であるが，

　　　「6 辺形の頂点を共有しない 3 辺からなる直線 AB, CD, EF

　　　（または，BC, DE, FA）が 3 角形をつくる」

というものである．3 直線 AB, CD, EF のつくる 3 角形を図 6.18 のように △UVW とする．この 3 角形と，直線 DPE, AQF, BRC に，それぞれメネラウスの定理を適用すると，

$$\frac{(\mathrm{VP})}{(\mathrm{WP})} \cdot \frac{(\mathrm{WD})}{(\mathrm{DU})} \cdot \frac{(\mathrm{UE})}{(\mathrm{EV})} = 1, \qquad \frac{(\mathrm{VA})}{(\mathrm{AW})} \cdot \frac{(\mathrm{WQ})}{(\mathrm{QU})} \cdot \frac{(\mathrm{UF})}{(\mathrm{FV})} = 1,$$

$$\frac{(VB)}{(BW)} \cdot \frac{(WC)}{(CU)} \cdot \frac{(UR)}{(RV)} = 1$$

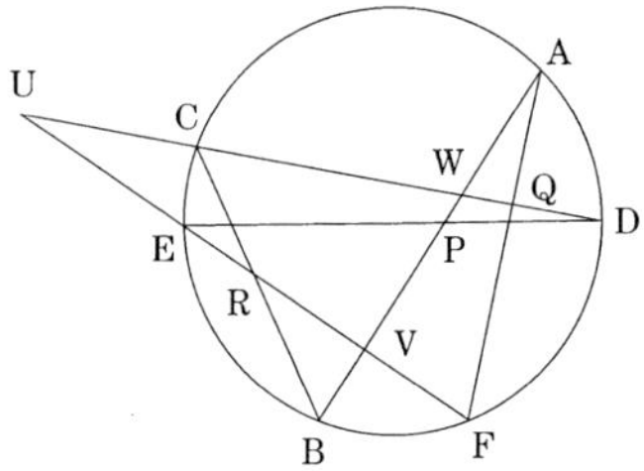

図 6.18 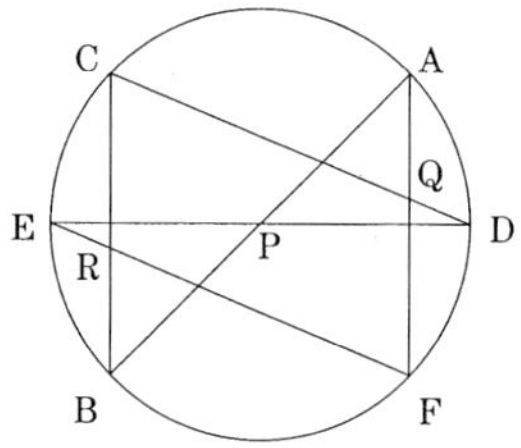 図 6.19

一方，方べきの定理（5.6 節 b）から，

$$(UE) \cdot (UF) = (UC) \cdot (UD), \qquad (VA) \cdot (VB) = (VE) \cdot (VF),$$
$$(WC) \cdot (WD) = (WA) \cdot (WB)$$

ここで，最初の 3 つの式を辺々掛け合わせ，これにあとの 3 式を代入して整理すると，次の等式が残る．

$$\frac{(VP)}{(PW)} \cdot \frac{(WQ)}{(QU)} \cdot \frac{(UR)}{(RV)} = 1$$

3 点 P, Q, R の位置を確認して，メネラウスの定理の逆（5.4 節 b）より，3 点 P, Q, R は同一直線上にあることが結論される．

さて，上の「3 角形」の条件を満たさない場合はどうであろうか．図 6.19 は，CD ∥ EF，CB ∥ AF の場合を示している．この場合は，平行線の性質を活用すると，容易に P, Q, R が同一直線上にあることが導かれる．

★　パスカルの『円錐曲線試論』によると，パスカルはこの定理が円周に内接する 6 辺形に限らず，一般に円錐曲線（次ページ参照）上にすべての頂点がある 6 辺形について成り立つことを承知していたと思われる（のちに何人かによって証明された．射影幾何学の教科書を参照されたい）．パップスの定理（6.3 節 a）と上のパスカルの定理を比較してみると，「2 直線」と「円周」が異なるだけであとはすべて同じである．2 直線を退化した円錐曲線とみなすと，パップスの定理とパスカルの定理を含む次の定理が成り立つことになる．

6 辺形 C(A, B, C, D, E, F) の 3 組の辺を含む直線 AB と DE，BC と EF，CD と FA の交点が同一直線上にあるならば，6 つの頂点はある円錐曲線上にある．

談話室　円錐曲線・2次曲線

空間内に1点Oで交わる直線ℓ, mがある. ℓを回転の軸としてmを1回転してできる下図のような曲面を**円錐**といい, ℓをその**軸**, mを**母線**, 点Oを**頂点**という.　この円錐を, 頂点Oを通らない平面αで切断すると, その切り口の曲線は, 次の3つに分類され, **円錐曲線**と呼ばれる.

1°楕円　　　　　　　　**2°放物線**　　　　　　　　**3°双曲線**

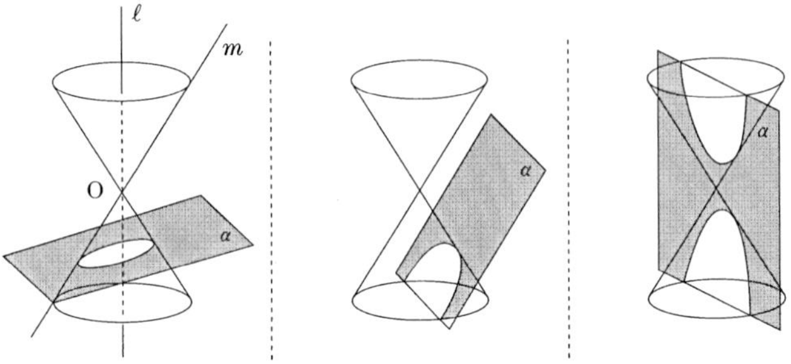

また, 頂点Oを通る平面αで切断すると, その切り口はOで交わる2本の直線となる. この2直線も退化した円錐曲線として, 仲間に入れることが多い.

平面αに座標を導入して, これらの曲線上の点を座標を使って(x, y)で表すと, その方程式はxとyについての2次方程式

$$f(x, y) = ax^2 + 2hxy + by^2 + 2gx + 2fy + c = 0$$

となるので, 円錐曲線は**2次曲線**とも呼ばれる. 座標軸を上手に選んだときの標準形が下図である. $f(x, y)$が2つの1次式の積に因数分解される場合が2直線である.

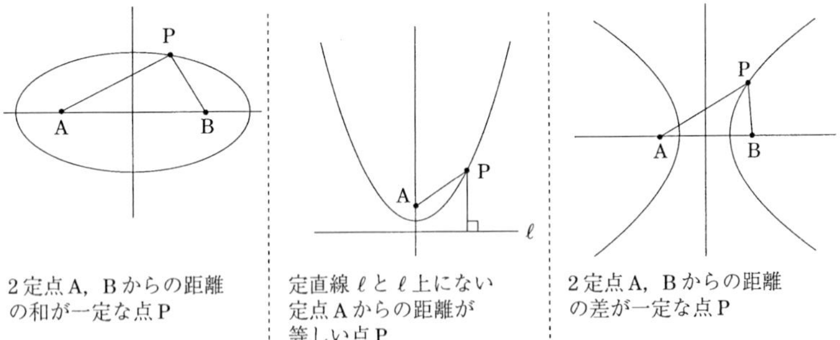

2定点A, Bからの距離
の和が一定な点P

A, Bを焦点という.
A＝Bのときが円周.

定直線ℓとℓ上にない
定点Aからの距離が
等しい点P

Aを焦点, ℓを準線.

2定点A, Bからの距離
の差が一定な点P

A, Bを焦点という.

7

続・多辺形と円周

この最後の章では，2章で約束した単純多辺形に関するジョルダンの閉曲線定理を証明した後，多角形の対角線について調べます．さらに，正多角形を考察しながら，中学校でも習う円周の長さと円盤の面積の公式を導きます．

7.1 多辺形に関する分離定理

平面上の2本の直線は，平行であるか，完全に重なる（同じである）か，1点で交わるか，のいずれかになる．また，平面上の直線は，平面を2つの半平面に分割し，半平面は凸である．これらのことを認めたうえで，2章から話を進めてきた．この章でも，これらが基礎となる．

a. 多辺形に関する領域の交差指数 $C = C(A_1, A_2, \cdots, A_n)$ を平面 $\mathbb{P}$ 上の n 辺形とする．$\mathbb{P} - C$ の点 x に対し，x を端点とする半直線 m を，C の頂点を通らないように引く．このとき，m と C の各辺との交点の総数は有限で，その数が偶数であるか奇数であるかは半直線 m の選び方によらずに決まる．これは，端点 x を固定して m を回転してみると，C の頂点を通過する前後で交点数に変化が生ずるが，その変化は常に偶数であることから，確かめられる．

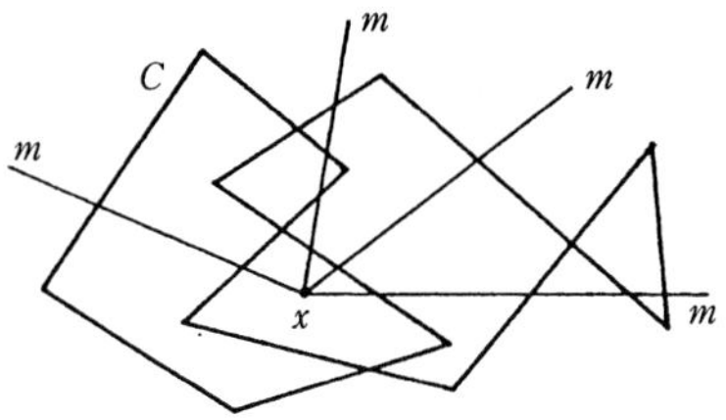

図 7.1

そこで，（もちろん，0を偶数として）

$$\mathcal{I}(x, C) = \begin{cases} 0, & m \text{ と } C \text{ の各辺との交点の総数が偶数} \\ 1, & m \text{ と } C \text{ の各辺との交点の総数が奇数} \end{cases}$$

と定め，点 x の C に関する（2を法とする）**交差指数**という．

以下で，この指数について考察してみよう．

b. 補 題 平面 $\mathbb{P}$ 上の多辺形 C と，$\mathbb{P} - C$ の2点 x, y について，

(1) 線分 xy が C と交わらない $\implies$ $\mathcal{I}(x, C) = \mathcal{I}(y, C)$

(2) 線分 xy が C のある1辺と1点だけで交わる $\implies$ $\mathcal{I}(x, C) \neq \mathcal{I}(y, C)$

証明 (1) 半直線 xy，または半直線 yx 上に C の頂点がなければ，上の定義から明らかであるから，そうでないとする．線分 xy の垂直2等分線上に，線分 xy のすぐ近くに1点 z を選んで，次の条件を満たすようにできる．

（ⅰ）線分 xz, yz は C と交わらない．

（ⅱ）半直線 xz, yz は C の頂点を通らない．

すると，$\mathcal{I}(x, C) = \mathcal{I}(z, C) = \mathcal{I}(y, C)$．

(2) の証明も (1) とほとんど同じである． ♡

c. 系 1 C を平面 $\mathbb{P}$ 上の多辺形とする．$\mathbb{P} - C$ の2点 x, y を結ぶ折線 L があって，L は C の頂点を通らず，また C の辺と有限個の点で交わるとき，

(1) L と C の辺との交点数の総数が偶数 $\implies$ $\mathcal{I}(x, C) = \mathcal{I}(y, C)$

(2) L と C の辺との交点数の総数が奇数 $\implies$ $\mathcal{I}(x, C) \neq \mathcal{I}(y, C)$ ♡

この結果，2.2節 c で定義した領域について，同じ領域内の点はすべて同じ交差指数をもつことになる．したがって，平面 $\mathbb{P}$ 上の多辺形 C に関する点 x の交差指数は，$\mathbb{P} - C$ の各領域に対して定義できることになる．このような考察から，次が証明される．

d. 系 2 $C = C(\mathrm{A}_1, \mathrm{A}_2, \cdots, \mathrm{A}_n)$ を平面 $\mathbb{P}$ 上の n 辺形とする．もし，任意の2辺 $\mathrm{A}_i \mathrm{A}_{i+1}$ と $\mathrm{A}_j \mathrm{A}_{j+1}$ が高々1点を交わるならば，C は平面 $\mathbb{P}$ を少なくとも2つの領域に分割する．

証明 C は有界だから，$\mathbb{P} - C$ の非有界領域には点 x と x を端点とする半直

7.1 多辺形に関する分離定理 123

線 m が存在して，m は C と交わらないようにできる．これは，各点の C に関する交差指数が 0 となる領域があることを示している．

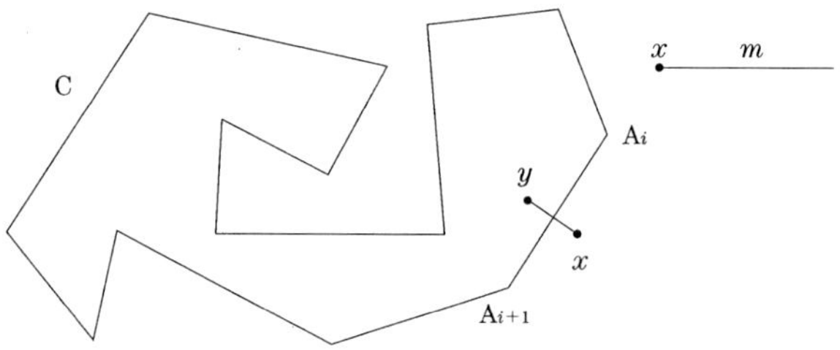

図 7.2

次に，$A_i A_{i+1}$ を，非有界領域の境界となる辺とし，その上に 1 点 z を他の辺との交点以外から選ぶ．z を通る $A_i A_{i+1}$ の垂線上に 2 点 x, y を次のように選ぶ．

（ i ）x は非有界領域に，y は直線 $A_i A_{i+1}$ に関して x と反対側にある．

（ii）線分 xy と C は，1 点 z においてのみ交わる．

すると，上の補題 b から，$\mathcal{I}(y, C) = 1$ となり，これは各点の C に関する交差指数が 1 となる領域があることを示している．　　♡

上の系を少し違った観点から見て，次のようにいい換えることができる．

e．系　3　C を平面 $\mathbb{P}$ 上の多辺形とする．もし，任意の 2 辺が高々 1 点で交わるならば，$\mathbb{P} - C$ の各領域に白か黒のどちらかの色を塗って，隣り合うどの 2 つの領域（つまり，C の辺（の一部）で仕切られた領域）の色も異なるようにできる．

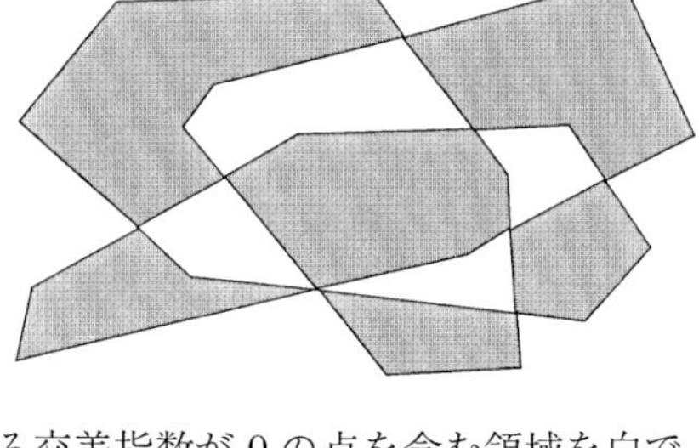

図 7.3

証明　C に関する交差指数が 0 の点を含む領域を白で，1 の点を含む領域を黒で塗ればよい．　　♡

124　　　　　　　　　7. 続・多辺形と円周

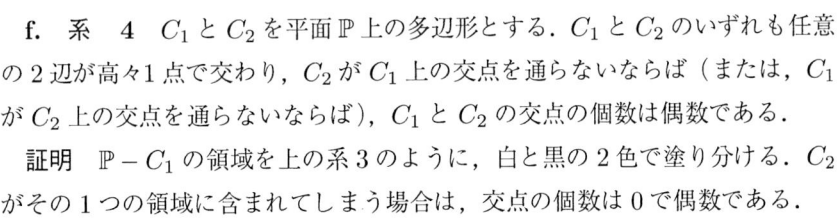

このような塗り分けは，多辺形が幾つあっても事情は同じで，いつも可能である．次に2つの例をあげてある．

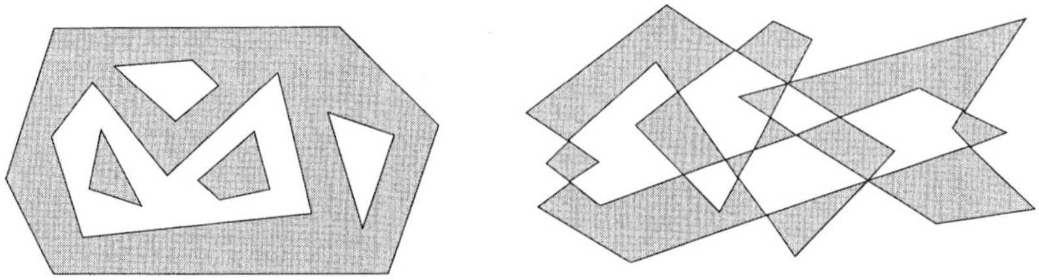

図 **7.4**

f. 系　4　C_1 と C_2 を平面 $\mathbb{P}$ 上の多辺形とする．C_1 と C_2 のいずれも任意の2辺が高々1点で交わり，C_2 が C_1 上の交点を通らないならば（または，C_1 が C_2 上の交点を通らないならば），C_1 と C_2 の交点の個数は偶数である．

証明　$\mathbb{P} - C_1$ の領域を上の系3のように，白と黒の2色で塗り分ける．C_2 がその1つの領域に含まれてしまう場合は，交点の個数は0で偶数である．

C_2 が C_1 と交わるとき，C_2 上の1点 P を白領域から選ぶことができる．P から出発して C_2 上を一周するとき，C_1 と交差すると黒領域に入って再び交差して白領域に出る．この状態の繰り返しで P に戻る．　　　♡

g. 定理（単純多辺形の分離定理）　$C = C(\mathrm{A}_1, \mathrm{A}_2, \cdots, \mathrm{A}_n)$ を平面 $\mathbb{P}$ 上の単純 n 辺形とすると，C は $\mathbb{P}$ を2つの領域に分割する．

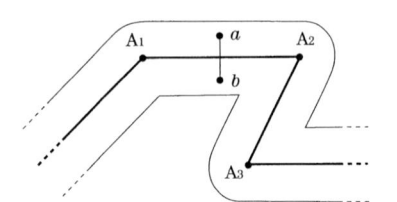

証明　定理2.2節 b より，$n > 3$ とする．各頂点 $\mathrm{A}_i (i = 1, 2, \cdots, n)$ から，A_i を端点としない辺 $\mathrm{A}_j \mathrm{A}_{j+1}$ への距離を測り，その最小値を δ とする．そこで，C からの距離が $\delta/3$ 以下であるような P の点の全体を U とする．U は，図7.5のように，各辺からの距離が $\delta/3$ の平行線と，各頂点を中心とする半径 $\delta/3$ の円周によって囲まれる領域となる．

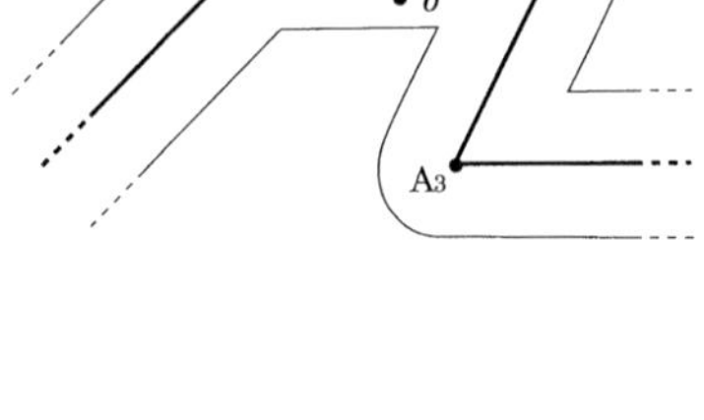

図 **7.5**

線分 A_1A_2 の垂直 2 等分線 ℓ 上に 2 点 a, b を次のように選ぶ.

(i) a, b はともに $U - C$ の中にある.

(ii) 線分 ab と C との交点は, ℓ と線分 A_1A_2 の交点と一致する.

(1) $U - C$ の任意の点 x は, $U - C$ の中で a か b のいずれかと折線で結ぶことができる. 実際, x から辺に沿って平行に進み, 角のところで折れ曲がって次の辺に沿って平行に進む. これを繰り返すと, いずれ ℓ と交わるから, ℓ 上をたどって a か b のいずれかに到達する.

(2) $\mathbb{P} - U$ の任意の点 y も, $\mathbb{P} - C$ の中で a か b のいずれかと折線で結ぶことができる. 実際, C 上に 1 点 z をとり, 線分 yz と U の交点の中から y に最も近い点を x とすると, (1) から, x は $U - C$ の中で折線で結ぶことができる. 線分 yx にこの折線を継ぎ足すと, 求める折線となる.

結局, (1) と (2) から, $\mathbb{P} - C$ 上の任意の点は, $\mathbb{P} - C$ の中で, a か b のいずれかと折線で結ぶことができた. したがって, $\mathbb{P} - C$ は, a を含む領域と b を含む領域の高々2 つの領域に分割される. ところが, 上の補題 b から, a と b の C に関する交差指数が異なるから, これらの領域は一致しない. ♡

★ ジョルダン (Camille Jordan, 1838-1922) は, 19 世紀末に活躍した数学者で, 数学の広い分野で多くの業績をあげた.「ジョルダンの閉曲線定理 (Jordan curve theorem)」の他にも, ジョルダンの名を冠した定理や理論がいくつも残っている. 閉曲線定理は, ジョルダン曲線ともよばれる平面上の単純閉曲線に関して成立する. この論文は 1887 年に出たが, その証明に飛躍があって, 完全な証明が与えられたのは 1900 年代になってからである. 交差指数の概念は有効で, 上の証明は, 迷路のような複雑な囲いがあっても, 勝手な点について, その点が囲いの内か外かの判定は, 半直線を 1 本引けばわかることを示している.

図 **7.6**

7.2 多辺形の内部対角線

6.2 節 c において，多角形の対角線と内部対角線を定義した．ここでは，この内部対角線が常にあることを，前節の交差指数を使って，確認する．

a. 定理（内部対角線） 平面 $\mathbb{P}$ 上の n 角形 $\Pi = \Pi(A_1, A_2, \cdots, A_n)(n \geq 4)$ には，少なくとも 1 つの内部対角線が存在する．

証明 Π の 2 頂点を結ぶ直線 $A_i A_j (i \neq j)$ は $n(n-1)/2$ 本で有限だから，これらのどれとも平行でない直線 w が存在する．Π は有界だから，w を（遠くに選んで）Π とは交わらないようにとることができる．

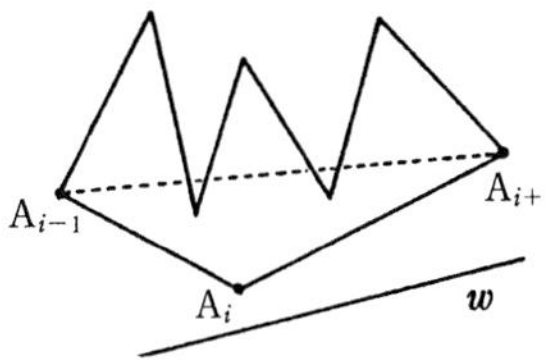

図 **7.7**

このとき，頂点 $A_1, A_2, \cdots, A_n$ と w の距離はすべて異なるから，w との距離が最小となる頂点がただ 1 つ決まる；これを A_i とする．A_i から w に下ろした垂線の足を H とすると，半直線 A_iH は（A_i を除いて）Π とは交わらないから，半直線 A_iH 上の点は（A_i を除いて）Π の外部にあることに注意する．

もし，対角線 $A_{i-1} A_{i+1}$ が Π の境界 C と（A_{i-1} と A_{i+1} 以外に）交わらなければ，この対角線は Π の内部対角線である．実際，線分 $A_{i-1} A_{i+1}$ の任意の内点 x は，半直線 A_iH の内点と，C とは辺 $A_{i-1} A_i$（または，辺 $A_i A_{i+1}$）の 1 点だけで交差する折線で結ぶことができるから，x の C に関する交差指数は 1 であり，x は C の（したがって Π の）内部にある．

もし，対角線 $A_{i-1} A_{i+1}$ が境界 C と（A_{i-1} と A_{i+1} 以外に）交わるとすれば，$\triangle A_{i-1} A_i A_{i+1}$ はその内部に Π の他の頂点を含む．そのなかから，w との距離が最小となる頂点を 1 つ選ぶ；これを A_j とする．すると対角線 $A_i A_j$ は Π の内部対角線である．実際，線分 $A_i A_j$ の任意の内点 x は，C とは交わらず，また半直線 A_iH の内点と，C とは辺 $A_{i-1} A_i$（または，$A_i A_{i+1}$）の 1 点だけで交差する折線で結ぶことができる． ♡

7.2 多辺形の内部対角線　　127

多角形 Π の内部対角線は，Π を 2 つの多角形に分割し，各々は Π よりも辺の数が少なくなる．したがって，上の定理 a を次々適用し，定理 3.1 節 b と合わせると，次のおなじみの定理が得られる．

b. 定 理　n 角形 $\Pi(n \geq 4)$ には，互いに内点を共有しない $n-3$ 本の内部対角線を選ぶことができ，これらは Π を $n-2$ 個の 3 角形に分割する．

したがって，n 角形の内角の大きさの総和は，$180° \times (n-2)$ である．　♡

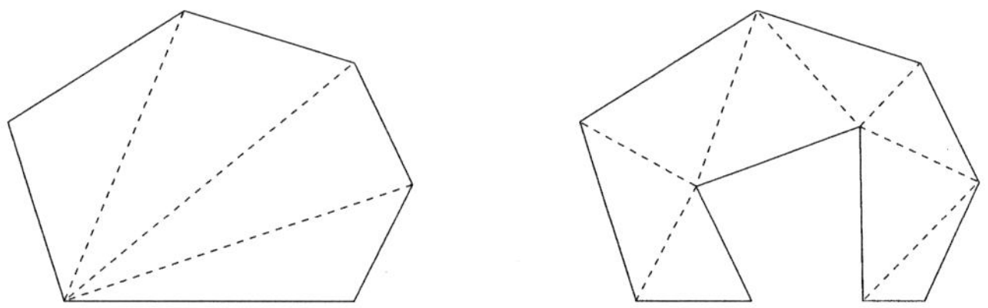

図 **7.8**

★　定理 3.1 節 b と上の定理を合わせてターレスの定理ということがある．ターレスは紀元前 7 世紀に活躍したギリシャの哲学者で数学者．3 角形の合同条件（2.4 節 c）や本書でしばしば使用した定理 5.3 節 c などもターレスの定理とよばれることがあり，論証幾何学の開祖とされる．約 250 年後にユークリッドがこれらの成果を統合することになる．

例題 4.2 節 h の後で，多角形の外角を定義した．凸多角形では，そのどの頂点においても外角が定義される．多角形のある頂点 A において外角が定義されれば，頂角 A の大きさとその外角の大きさの和は常に 180° であるから，次が得られる．

c. 定 理　凸である n 角形の各頂点において，1 つずつとった外角の大きさの総和は，（n に無関係に）常に 360° である．

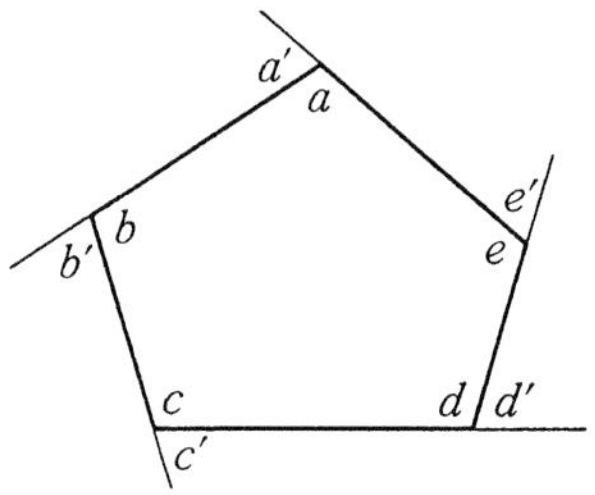

図 **7.9**

7.3 正 多 角 形

n 角形 $(n \geq 3)$ で，辺の長さがすべて等しく，内角の大きさもすべて等しい
ものを，**正 n 角形**という．正 n 角形を総称して，**正多角形**という．

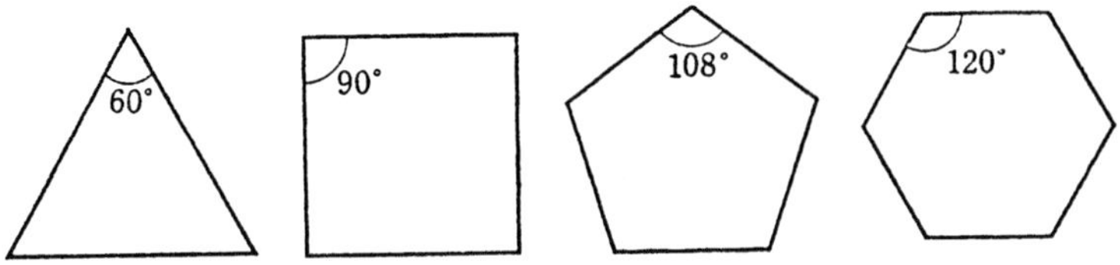

正3角形	正4角形＝正方形	正5角形	正6角形

図 **7.10**

n 角形の内角の大きさの総和は $180° \times (n-2)$ であるから，正 n 角形の各内
角の大きさは $180° - 360°/n$ である．$n \geq 3$ より，その内角の大きさは $0°$ よ
り大きく，$180°$ より小さい．また，どの角についても外角が定義され，その大
きさは $360°/n$ である（7.2 節 c）．したがって，正 n 角形は，その任意の辺に
関して，一方の側にあることになり，凸であることもわかる．

実際，正 n 角形については，次が成り立つ．

a. 正 n 角形 円周 $S = S(O, r)$ を n 等分した点を順次結んで得られる多
角形は正 n 角形であり，したがって，S はこの正 n 角形の外接円である．

また，正 n 角形はすべてこのようにして得られる．

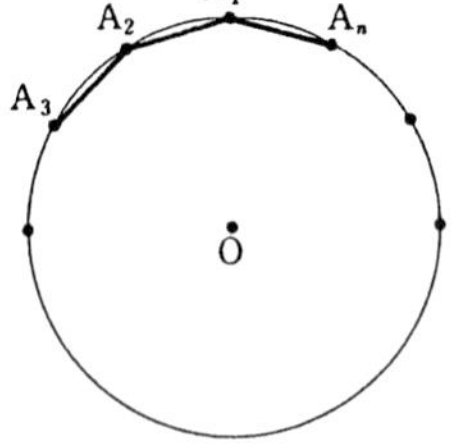

図 **7.11** 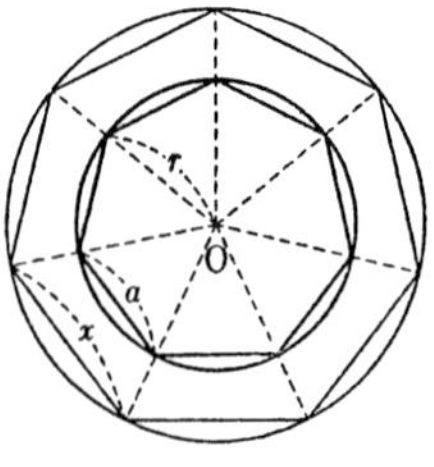　　図 **7.12**

証明 円周 S を n 等分した点を順次 $A_1, A_2, A_3, \cdots, A_n$ とすると，半
径 $OA_1, OA_2, OA_3, \cdots, OA_n$ は O のまわりを n 等分し，n 個の 2 等辺
3 角形 $OA_1A_2, OA_2A_3, \cdots, OA_{n-1}A_n, OA_nA_1$ はすべて合同で，n 角形
$\Pi(A_1, A_2, A_3, \cdots, A_n)$ は正 n 角形となる．

辺の長さが x の正 n 角形は，次のようにして得られる．まず，S に内接する正 n 角形をつくり，その辺の長さを a とする．この図形を，点 O を中心として x/a 倍に拡大するとよい．実際，半径が xr/a の円周と，これに内接する 1 辺の長さが x の正 n 角形が得られる．　♡

b. 系　1　正 n 角形 Ⅱ の外接円 S に，Ⅱ の各頂点で引いた接線のつくる多角形 Σ も正 n 角形であり，したがって，S は Σ の内接円である．　♡

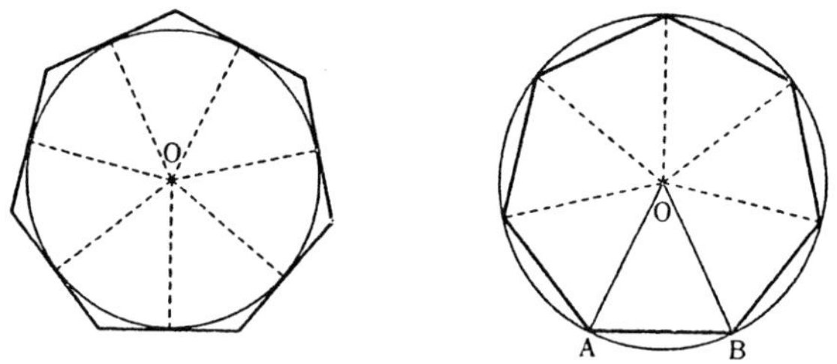

図 7.13

c. 系　2　正 n 角形は，必ず円周に内接し，また円周に外接する．そして，この 2 つの円周の中心は一致する．　♡

d.　正多角形の周の長さと面積　ここで，半径 r の円周 $S = S(\mathrm{O}, r)$ に内接する正 n 角形 $\Pi = \Pi(\mathrm{A}_1, \mathrm{A}_2, \cdots, \mathrm{A}_n)$ の周の長さ（＝すべての辺の長さの和）$\ell(n)$ と面積 $S(n)$ について調べてみる（次ページの図 7.14 参照）．各辺（弦）$\mathrm{A}_i \mathrm{A}_{i+1}$ の中心角を θ とすると，$\theta = 360°/n$ である．中心 O から各辺に下ろした垂線の長さを $h(n)$，1 辺の長さを $a(n)$ とおくと，

$$\ell(n) = na(n), \qquad S(n) = n \times \frac{1}{2} h(n) a(n) = \frac{1}{2} h(n) \ell(n) \qquad \cdots ①$$

$$a(n) = 2r \sin \frac{\theta}{2} = 2r \sin \frac{180°}{n}, \qquad h(n) = r \cos \frac{\theta}{2} = r \cos \frac{180°}{n} \qquad \cdots ②$$

が直ちにわかる．② の 2 式を ① の 2 式に代入して，次を得る．

$$\ell(n) = 2nr \sin \frac{180°}{n} \qquad \cdots ③$$

$$S(n) = \frac{1}{2} r \cos \frac{180°}{n} \cdot 2nr \sin \frac{180°}{n} = \frac{1}{2} nr^2 \sin \frac{360°}{n} \qquad \cdots ④$$

★　上の $S(n)$ の 2 番目の等号には，加法定理から導かれるいわゆる 2 倍角の公式 $\sin 2\alpha = 2 \sin \alpha \cos \alpha$ を使用した．

次に，正 n 角形 $\Pi = \Pi(B_1, B_2, \cdots, B_n)$ に，円周 $S(O, r)$ が内接している場合を考える（図 7.15）．Π の 1 辺の長さを $b(n)$ とし，周の長さを $m(n)$，面積を $T(n)$ とすると，上の外接円の場合と同じようにして，次がわかる．

$$m(n) = nb(n) = 2nr\tan\frac{180^\circ}{n} \qquad \cdots ⑤$$

$$T(n) = n \times \frac{1}{2}rb(n) = \frac{1}{2}rm(n) = nr^2\tan\frac{180^\circ}{n} \qquad \cdots ⑥$$

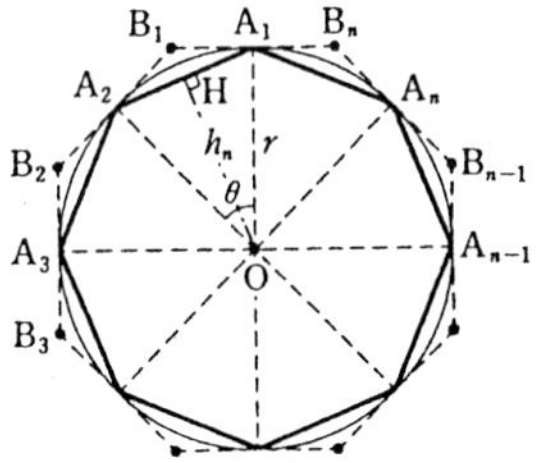

図 7.14

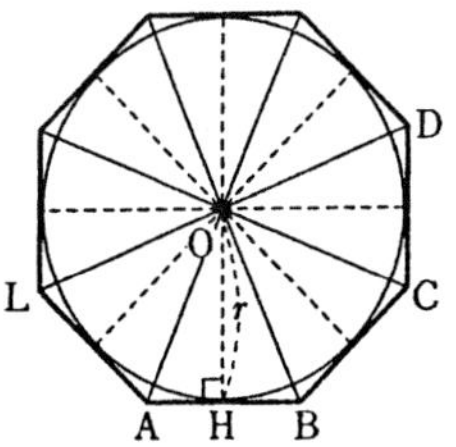

図 7.15

上で調べたことから，次のこともわかる．

e. 　辺の個数 n を固定すると，正 n 角形の周の長さは，その外接円（および，内接円）の半径に比例し，面積はその外接円（および，内接円）の半径の平方に比例する．　　♡

7.4　円周の長さと円盤の面積

半径 r が有限のとき，円周の長さや円盤の面積は，有限の値が定まるのは当然と考えるであろう．しかし，数学的には，必ずしも当然ではなく，実数の本質的な性質と極限の議論が必要となる．ここでは，一部の議論を直感・直観に委ねながら，これらを決定しようと思う．

a.　円周の長さ　中心が O で，半径が r の円周 $S = S(O, r)$ がある．

S に内接する正 4 角形 $A_1 A_2 A_3 A_4$ をとり，次に弧 $A_1 A_2, A_2 A_3, A_3 A_4, A_4 A_1$ を 2 等分する点を間にとって順に A_5, A_6, A_7, A_8 とすると，S に内接する正 8 角形ができる．同様にして，S に内接する正 2^4 角形，正 2^5 角形，$\cdots$ を順につくっていくと，S に内接する正多角形の無限列が得られる．

7.4 円周の長さと円盤の面積 *131*

すると，前節（7.3 節 d）の記号をそのまま使うと，定理 3.4 節 c より，

初項が $\ell(4) = \ell(2^2) = 4\sqrt{2}r$ の単調増加数列 $\{\ell(2n)\}$

が得られる．

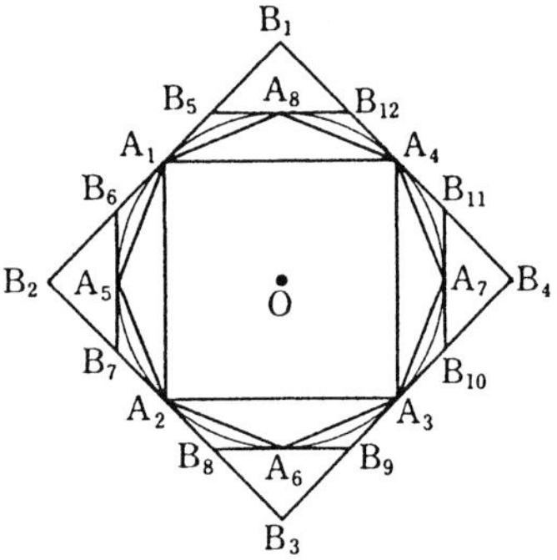

図 **7.16**

次に，4 点 A_1, A_2, A_3, A_4 で S に外接する正 4 角形 $B_1B_2B_3B_4$ をつくる．続いて，上でつくった内接正 8 角形の頂点において S に接する正 8 角形をつくる．同様にして，S に外接する正 2^4 角形，正 2^5 角形，$\cdots$ を順につくっていくと，S に外接する正多角形の無限列が得られる．再び 7.3 節 d の記号を使うと，同様にして，

初項が $m(4) = m(2^2) = 8r$ の単調減少数列 $\{m(2n)\}$

が得られる．

外接する正多角形は内接する正多角形を含むから，

$$\ell(2^2) < \ell(2^3) < \ell(2^4) < \cdots < m(2^4) < m(2^3) < m(2^2)$$

が成り立っている．したがって，数列 $\{\ell(2n)\}$ は上界をもつ単調増加数列であり，数列 $\{m(2n)\}$ は下界をもつ単調減少数列である．よって，この 2 つの数列は，それぞれ極限値をもつ（実数 $\mathbb{R}$ の連続性（連続の公理）による）．ところが，これまでの図から予想されるように，これらの極限値は一致する．実際，n を十分大きくすると，正 n 角形の中心角 $\theta = 360°/n$ は小さくなって，0 に近づく．十分小さな θ では $\sin\theta$ と $\tan\theta$ は一致するのである．

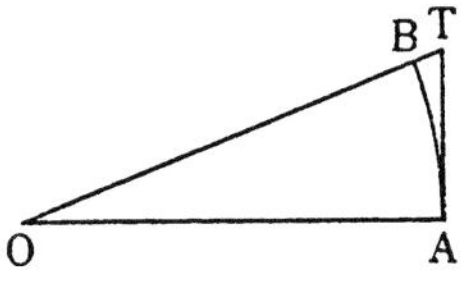

図 **7.17**

もう少し，具体的に見てみよう．前節（7.3 節 d）の ⑤ と ③ から，円周 S に外接する正 n 角形と内接する正 n 角形の周の長さの差は，

$$
\begin{aligned}
m(n) - \ell(n) &= 2nr \left(\tan \frac{180^\circ}{n} - \sin \frac{180^\circ}{n} \right) \\
&= 2nr \left(\frac{b(n)}{2r} - \frac{a(n)}{2r} \right) \\
&= n\{b(n) - a(n)\}
\end{aligned}
$$

となる．ここで，$n \to \infty$ とすると，これよりはるかに速く，$b(n) - a(n) \to 0$ となるのである．

そこで，上で調べたことを，次のようにまとめる．

b. 定 義 半径が r の円周 S の長さ $L(r)$ を，S に内接する正 n 角形の周の長さ $\ell(n)$，および S に外接する正 n 角形の周の長さ $m(n)$ の，$n \to \infty$ としたときの極限値として定義する；

$$
L(r) = \lim_{n\to\infty} \ell(n) = \lim_{n\to\infty} m(n)
$$

次に，この円周の長さ $L(r)$ を，r を使って表してみる．

2 つの円周 $S = S(\mathrm{O}, r)$ と $S' = S(\mathrm{O}', r')$ について，それぞれ，内接正 n 角形をつくり，その周の長さを $\ell(n)$，$\ell'(n)$ とすると，7.3 節 d の ③ より，

$$
\ell(n) = 2nr \sin \frac{180^\circ}{n}, \qquad \ell'(n) = 2nr' \sin \frac{180^\circ}{n}
$$

$$
\therefore \frac{\ell(n)}{2r} = \frac{\ell'(r')}{2r'}
$$

一方，　　　$\lim_{n\to\infty} \ell(n) = L(r), \qquad \lim_{n\to\infty} \ell'(n) = L'(n)$

だから，　　$\dfrac{L(r)}{2r} = \dfrac{L'(r')}{2r'}$

これは，円周の長さ $L(r)$ の直径 $2r$ に対する比の値は，常に一定であることを示している．そこで，この一定の値を π とおき，π を**円周率**という．π は無理数で，その値は

$$
\pi = 3.14159265358\cdots
$$

であることが知られている．

このようにして，よく知られた定理にたどり着いた．

7.4 円周の長さと円盤の面積   *133*

c. 定理 半径が r の円周の長さを $L(r)$ とすれば,
$$L(r) = 2\pi r \qquad ♡$$

d. 円盤の面積 次に円盤の面積を考えてみよう. 半径が r, 中心が O の円盤 $D = D(\mathrm{O}, r)$ の面積 $\Sigma(r)$ も, 円周の長さを求めたのとほとんど同じ方法で求めることができる. 簡単のために, 7.4 節 b での議論をそのまま使うことにする.

円周 $S(\mathrm{O}, r)$ に内接する正 n 角形の面積を $S(n)$ とし, 外接する正 n 角形の面積を $T(n)$ とすると, 7.3 節 d の ① と ⑥ から,
$$S(n) = \frac{1}{2} h(n)\ell(n), \qquad T(n) = \frac{1}{2} r m(n)$$
ところが, $\lim_{n\to\infty} h(n) = r$, $\lim_{n\to\infty} \ell(n) = \lim_{n\to\infty} m(n) = 2\pi r$ だから,
$$\lim_{n\to\infty} S(n) = \pi r^2, \qquad \lim_{n\to\infty} T(n) = \pi r^2$$
そこで, 上で調べたことを, 次のようにまとめる.

e. 定義・定理 半径が r の円盤 D の面積 $\Sigma(r)$ を, D の境界である円周 S に内接する正 n 角形の面積 $S(n)$ と, S に外接する正 n 角形の面積 $T(n)$ の, $n \to \infty$ としたときの, 共通の極限値として定義する. すると, その値は,
$$\Sigma(r) = \pi r^2 \qquad ♡$$

f. 扇形の弧の長さと面積 半径が一定な扇形の弧の長さと面積は, いずれもその中心角が k 倍になれば, やはり k 倍になる, つまり, 中心角の大きさに比例する. したがって, 円周の長さと円盤の面積の公式と比較して, 次が得られる. 半径が r, 中心角が θ の扇形について,
$$\text{弧の長さ}：L(r, \theta) = \frac{\theta}{180°} \cdot \pi r, \qquad \text{面積}：\Sigma(r, \theta) = \frac{\theta}{360°} \cdot \pi r^2$$

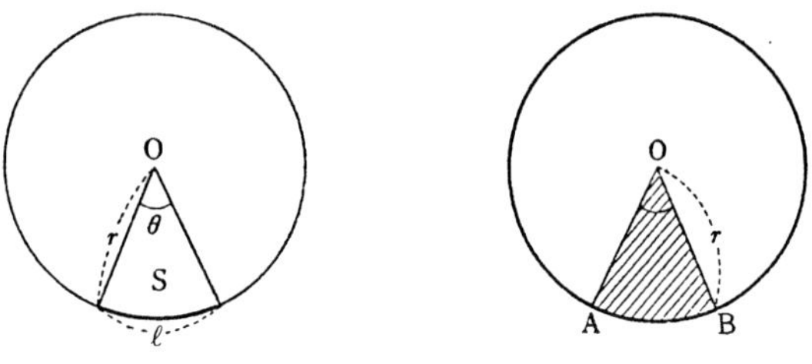

図 **7.18**

談話室　弧度法

　角の大きさを測るのに，通例の 60 分法の他に，次のような測り方がある.

　△AOB において，点 O を中心とする半径 r の円周を描き，これが角の 2 辺と交わる点を A′，B′ とする．この円周の ∠AOB の内部にある方の弧 A′B′ の長

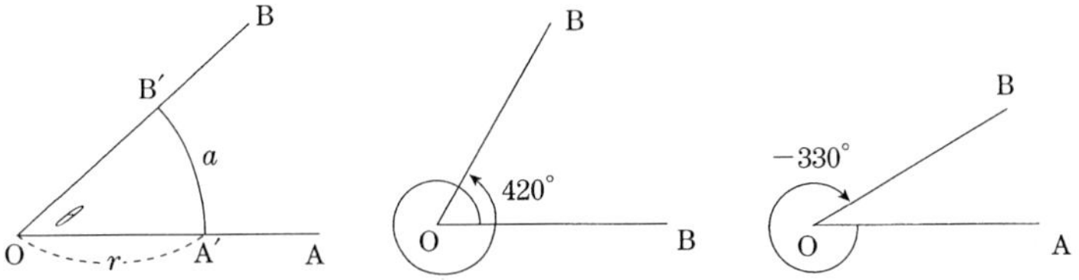

さを a とすると，a/r は ∠AOB の大きさによって定まる数であって，円周の半径 r には無関係である．この実数 a/r を ∠AOB の大きさを表す数とし，この測り方を 弧度法 という．つまり，弧度法で (∠AOB) $= \theta$ とすると，

$$\theta = \frac{a}{r}$$

全円周に対する角は 360° であるから，これを弧度法で表すと，

$$\frac{2\pi r}{r} = 2\pi$$

となる．したがって，180° は弧度法では π となる．

　角の大きさを実数で表すことになると，反時計回りを正の方向として，360° より大きい角度や，負の角度も自然に考えられるようになり，三角比の概念は三角関数へと発展する.

　弧度法においては，角の大きさは無名数である．しかし，60 分法でないことを明示するために，ラジアン（radian）という名を付けてよぶこともある.

　弧度法で角の大きさを表すとき，7.4 節 f の扇形の弧の長さや面積は，次のように単純になる．すなわち，半径が r，中心角が θ（弧度法）の扇形では，

$$L(r, \theta) = r\theta, \qquad \Sigma(r, \theta) = \frac{1}{2}r^2\theta$$

練習と問題の解答

3 章

練習 3.3.d (1),(2) $\triangle$ABQ と $\triangle$APC において, $(AB) = (AP)$, $(AQ) = (AC)$, $(\angle BAQ) = (\angle BAC) + 90° = (\angle PAC)$ だから, $\triangle$ABQ $\equiv$ $\triangle$APC.
よって, $(BQ) = (PC), (\angle ABQ) = (\angle APC)$.

(3) BQ と CP の交点を R とすると, (2) より, $\triangle$PBR において,

$$(\angle PBR) + (\angle BPR) = (PBA) + (\angle ABQ) + (\angle BPA) - (\angle APC)$$
$$= (\angle ABP) + (\angle APB) = 90°$$

よって, $(\angle PRB) = 90°$. すなわち, BQ $\perp$ CP.

練習 3.5.i $\triangle$ABD, $\triangle$CBD において, 3 角形の中点連結定理より,
$$KN \parallel BD \parallel LM, \qquad (KN) = \frac{1}{2}(BD) = (LM)$$
よって, 平行 4 辺形になる条件 (3.5 節 c–(1)) より, $\square$KLMN は平行 4 辺形である (これを, 4 辺形 ABCD のヴァリニョン (Varignon, 1654-1722) の平行 4 辺形とよぶことがある).

136　　　　　　　　　　練習と問題の解答

4 章

練習 4.4.d　（ヒント）△ABC が直角 3 角形の場合は，∠A が直角のときは簡単であり，∠A が直角でないときは，D＝P＝H＝B（または C）となる．下図には △ABC が鋭角 3 角形の場合（左）と，鈍角 3 角形の場合（右）を示す．△BHP が (BH) ＝ (BP) なる 2 等辺 3 角形であることを示せば，BD ⊥ HP より結論が得られる．

（証明）△ABC が，∠B ＝ 90°（または ∠C ＝ 90°）なる直角 3 角形の場合は，D ＝ H ＝ P ＝ B（または C）となる．∠A ＝ 90° のときは，以下の鈍角 3 角形の場合と同じであるから，省略する．

　円周角の定理（4.2 節 a）より，　　(∠APB) ＝ (∠ACB)　　　⋯①

　B から CA に下ろした垂線の足を E とすると，(∠CDH) ＝ (∠CEH) ＝ 90° だから，点 D, E は線分 CH を直径とする円周上にある．

　(i)　△ABC が鋭角 3 角形の場合：定理 4.4 節 b の考察から，D と E は CH に関して反対側にある；つまり，□HDCE が円周に内接する．よって，系 4.2 節 i–(1) より，
$$(∠ACB) ＝ (∠DHB)　　　⋯②$$
①，② より，　　　　　(∠APB) ＝ (∠DHB)

　これは，△BHP が (BP) ＝ (BH) なる 2 等辺 3 角形であることを示す．ところが，BD ⊥ HP だから，定理 3.2 節 b より BD は辺 HP の垂直 2 等分線．

　(ii)　△ABC が鈍角 3 角形の場合：定理 4.4 節 b の考察から，D, E は CH に関して同じ側にある．円周角の定理より，(∠ECD) ＝ (∠EHD)，つまり，
$$(∠ACB) ＝ (∠BHD)　　　⋯③$$
①，③ より，　　　　　(∠APB) ＝ (∠BHD)

　以下は，(i) と同じである．　　♡

練習と問題の解答　　　　　*137*

5　章

問題 5.3.g　点 P が直線 AB 上にある場合には，P は C または D と一致する．
P が直線 AB 上にない場合，

$$(PA):(PB)=(AC):(CB), \qquad (PA):(PB)=(AD):(DB)$$

よって，△PAB に定理 5.3 節 e，5.3 節 f を適用すると，PC は頂角 ∠P を 2
等分し，PD は P における外角を 2 等分する．したがって，3.6 節 f–(3) から，
$(∠CPD)=90°$ であることがわかる．よって，円周角の定理の逆から，P は線
分 CD を直径とする円周上にある．　　♡

練習 5.4.e　(1) 下図（左）のように，△ABC の 3 つの中線を AM, BN, CL
とすると，$(AL)=(LB)$，$(BM)=(MC)$，$(CN)=(NA)$ だから，

$$\frac{(AL)}{(LB)}\cdot\frac{(BM)}{(MC)}\cdot\frac{(CN)}{(NA)}=1$$

よって，チェバの定理の逆より，3 つの中線は 1 点で交わる．

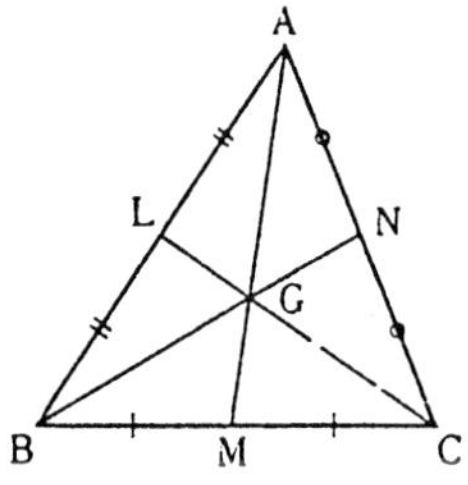

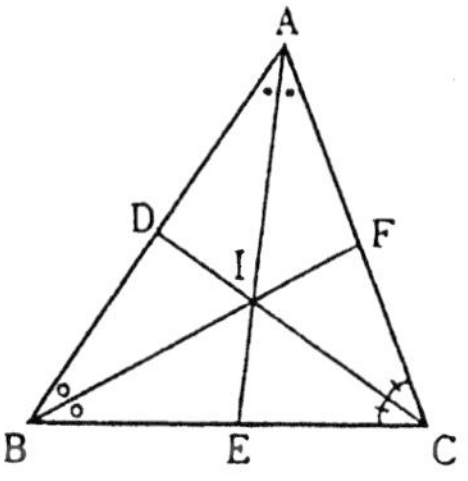

(2) 上図（右）のように，△ABC の 3 つの頂角の 2 等分線を AE, BF, CD
とすると，定理 5.3 節 e によって，

$$(BE):(EC)=(AB):(AC), \qquad (CF):(FA)=(BC):(AB)$$

$$(AD):(DB)=(AC):(BC)$$

だから，

$$\frac{(AD)}{(DB)}\cdot\frac{(BE)}{(EC)}\cdot\frac{(CF)}{(FA)}=\frac{(AC)}{(BC)}\cdot\frac{(AB)}{(AC)}\cdot\frac{(BC)}{(AB)}=1$$

チェバの定理の逆（5.4 節 d）より，3 つの頂角の 2 等分線は 1 点で交わる．

♡

練習 5.6.d　直線 AB 上の点を P とすると，円周 $S(\mathrm{O})$，円周 $S(\mathrm{O}')$ に関する方べきの定理から，

$$(\mathrm{PA}) \cdot (\mathrm{PB}) = (\mathrm{PC}) \cdot (\mathrm{PD}), \qquad (\mathrm{PA}) \cdot (\mathrm{PB}) = (\mathrm{PE}) \cdot (\mathrm{PF})$$

よって，$(\mathrm{PC}) \cdot (\mathrm{PD}) = (\mathrm{PE}) \cdot (\mathrm{PF})$.

方べきの定理の逆（5.6 節 c）より，4 点 C，D，E，F は同一円周上にある.

$\heartsuit$

練習 5.7.g　(1) $(\triangle \mathrm{ABC}) = \dfrac{1}{2}ab\sin C, \qquad \sin C = \dfrac{c}{2R}$

(2) $c = 2p\sin B = \dfrac{pb}{R}, \qquad b = 2q\sin C = \dfrac{qc}{R}$

これらを掛け合わせて，整理するとよい.

6　章

問題 6.2.d–(2)　円周の外部の点から引いた 2 本の接線の長さは等しいことに注意して，$s = a + c = b + d$ を導き，6.2 節 d–(1) の公式を用いる（詳細は省略）.

文　　献

1) 近藤洋逸：数学の誕生—古代数学史入門—，1977，現代数学社.

2) 佐々木元太郎：ユークリッド幾何，現代数学レクチャーズ A5，1979，培風館.
   ——ユークリッド幾何の標準的な教科書.

3) 清宮俊雄：幾何学—発見的研究法—（改訂版），1988，科学振興新社.
   ——本書に続いて，是非一読をお奨めするかなり本格的な研究書.

4) 寺阪英孝：初等幾何学（第2版），岩波全書 159，1973，岩波書店.
   ——小冊子ながら，初等幾何を基礎からきちんと書き上げた本格的な教科書.

5) 寺阪英孝：19世紀の数学 幾何学 I，数学の歴史 8a，1981，共立出版.

6) 寺阪英孝・静間良次：19世紀の数学 幾何学 II，数学の歴史 8b，1982，共立出版.
   ——上の2冊は，近世の幾何学の誕生を詳しく解説してある.

7) 中村幸四郎・寺阪英孝・伊東俊太郎・池田美恵：ユークリッド原論，1971，共立出版.
   ——翻訳だけではなく，資料や解説も含む.

8) Peter Frankl・前原濶：幾何学の散歩道—離散・組合せ幾何入門—，1991，共立出版.
   ——本書とは違った話題が，いろいろ取り上げてあり，楽しい.

9) 矢野健太郎：幾何の有名な定理，数学ワンポイント双書 36，1981，共立出版.
   ——本書では取り上げられなかった定理を含む.

10) 数学オリンピック財団編：数学オリンピック事典—問題と解法—，2001，

朝倉書店.

——国際数学オリンピックや日本, アメリカ, ヨーロッパの数学オリンピックの問題を解説し, 幾何の問題も多く含む.

11) 野口　廣：数学オリンピック教室, シリーズ数学の世界7, 2001, 朝倉書店.

——数学オリンピックに挑戦する人のための参考書で, 幾何に1章当てられている.

索　引

■ ア行

アポロニウス　83
　　——の円　83

ヴァリニョンの平行四辺形　135
ウォーレス　107
裏　30
裏向きの合同　24

鋭角　34
鋭角 3 角形　35
n 角形　17
n 辺形　15
円　18
円弧　57
円周　18
　　——の中心　18
　　——の半径　18
円周角　59
　　——の定理　60
　　——の定理の逆　62
円周率　132
円錐曲線　120
円積問題　32
円盤　18
　　——の中心　18
　　——の半径　18

オイラー　56
　　——の公式　104
オイラー線　103
扇形　59

表向きの合同　24
折線　15

■ カ行

外角　33
外心　20
外接　66
外接円　20
回転移動　23
回転の中心　23
外部　16, 17
外分　79
角　12, 33
　　——の 3 等分問題　32
角度　12
仮定　29

逆　30
九点円　105
共通外接線　67
共通弦　66
共通接線　67
共通内接線　67
共役弧　59
距離　11, 14

結論　29
弦　58

弧　57
　　——が等しい　58
交差指数　122

交差多辺形　16
合同　24
弧度法　134

■ サ行
作図題　28
錯角　13
3 角形　16
　——の外接円　20
　——の合同条件　27
　——の相似条件　92
　——の高さ　74
　——の底辺　74
　——の内心　53
　——の内接円　53
3 接円　54

4 辺形　43
　——の対角　43
　——の対辺　43
シムソン　107
シムソン線　107
斜辺　38
重心　50
十分条件　30
ジョルダン　125
　——の閉曲線定理　18, 125

垂心　47
垂線　12
　——の足　14, 55
垂足 3 角形　55
垂直　12
垂直 2 等分線　19
スチュワートの定理　101

正 n 角形　128
正弦　97
正弦法則　99
正 3 角形　37
正接　97
正多角形　128

正方形　46
接弦定理　63
接する　66
接線　22
　——の長さ　22
接点　22, 66
線分　11

相似　91
　——の位置　91
相似変換　91

■ タ行
退化　109
対角　33
対角線　43, 109
対偶　30
台形　49
対称　24
対称移動　24
対称軸　24
対頂角　12
対辺　33
多角形　17
多辺形　15
　——が外接　113
　——の内接円　113
ターレス　127
単純 n 変形　16
単純折線　15
単純多辺形　16
単純閉折線　16

チェバ　84
　——の定理　86
　——の定理の逆　87
中心角　58
中心距離　67
中心線　66
中線定理　78
中点 3 角形　52
中点連結定理　48

索　引　　　*143*

頂角　33
頂点　15
長方形　46
直線　11
直角　12
直角 3 角形　35
　　——の合同条件　38
直角 2 等辺 3 角形　39
直径　58
直交　12

デザルグ　116
　　——の定理　116
　　——の定理の逆　117

同位角　13
同心円　66
同値　30
凸　16
トレミー　109
　　——の定理　108
鈍角　34
鈍角 3 角形　35

■ ナ行
内角　33
内心　53
内接　20, 66
内接円　53
内部　16, 17
内部対角線　109
内分　79

2 次曲線　120
2 等辺 3 角形　35
　　——の頂角　35
　　——の底角　35
ニュートン線　89

■ ハ行
配景的　117
配景の位置　117

背理法　31
パスカル　118
　　——の定理　118
パップス　114
　　——の定理　114
半円盤　59
半直線　11
反例　29

菱形　46
ピタゴラス　78
　　——の定理　76
　　——の定理の逆　77
必要十分条件　30
必要条件　30
否定　29

フォイエルバッハの定理　106
ブラーマグプタ　112
　　——の公式　112
　　——の定理　112
分割　16

閉折線　15
平行　13
平行移動　23
平行 4 辺形　43
辺　15

傍心　53
傍接円　53
方べき　95
　　——の定理　94, 95
　　——の定理の逆　96

■ マ行
交わる　66

命題　29
メネラウス　84
　　——の定理　84
　　——の定理の逆　85

索　引

面積　73
　——の公理　74

■ ヤ行
有界　16
弓形　59

余弦　97
余弦法則　100

■ ラ行
立方倍積問題　32
領域　16

著者略歴

鈴木晋一（すずき・しんいち）

1941 年　北海道に生まれる
1965 年　早稲田大学理工学部数学科卒業
現　在　早稲田大学教育学部教授・理学博士
主　著　『曲面の線形トポロジー，上・下』（槇書店）
　　　　『結び目理論入門』（サイエンス社）

シリーズ［数学の世界］6
幾 何 の 世 界　　　　　　　　定価はカバーに表示

2001 年 10 月 25 日　初版第 1 刷
2022 年 11 月 25 日　　　第 14 刷

著　者　鈴　木　晋　一
発行者　朝　倉　誠　造
発行所　株式会社　朝　倉　書　店
　　　　東京都新宿区新小川町 6-29
　　　　郵 便 番 号　　162-8707
　　　　電　話　03 (3260) 0141
　　　　F A X　03 (3260) 0180
　　　　https://www.asakura.co.jp

〈検印省略〉

Ⓒ2001〈無断複写・転載を禁ず〉　　　　　三美印刷・渡辺製本

ISBN 978-4-254-11566-6　C 3341　　　　Printed in Japan

JCOPY〈出版者著作権管理機構 委託出版物〉
本書の無断複写は著作権法上での例外を除き禁じられています．複写される場合は，
そのつど事前に，出版者著作権管理機構（電話 03-5244-5088，FAX 03-5244-5089，
e-mail: info@jcopy.or.jp）の許諾を得てください．

好評の事典・辞典・ハンドブック

数学オリンピック事典	野口 廣 監修 Ｂ５判 864頁
コンピュータ代数ハンドブック	山本 慎ほか 訳 Ａ５判 1040頁
和算の事典	山司勝則ほか 編 Ａ５判 544頁
朝倉 数学ハンドブック ［基礎編］	飯高 茂ほか 編 Ａ５判 816頁
数学定数事典	一松 信 監訳 Ａ５判 608頁
素数全書	和田秀男 監訳 Ａ５判 640頁
数論＜未解決問題＞の事典	金光 滋 訳 Ａ５判 448頁
数理統計学ハンドブック	豊田秀樹 監訳 Ａ５判 784頁
統計データ科学事典	杉山高一ほか 編 Ｂ５判 788頁
統計分布ハンドブック （増補版）	蓑谷千凰彦 著 Ａ５判 864頁
複雑系の事典	複雑系の事典編集委員会 編 Ａ５判 448頁
医学統計学ハンドブック	宮原英夫ほか 編 Ａ５判 720頁
応用数理計画ハンドブック	久保幹雄ほか 編 Ａ５判 1376頁
医学統計学の事典	丹後俊郎ほか 編 Ａ５判 472頁
現代物理数学ハンドブック	新井朝雄 著 Ａ５判 736頁
図説ウェーブレット変換ハンドブック	新 誠一ほか 監訳 Ａ５判 408頁
生産管理の事典	圓川隆夫ほか 編 Ｂ５判 752頁
サプライ・チェイン最適化ハンドブック	久保幹雄 著 Ｂ５判 520頁
計量経済学ハンドブック	蓑谷千凰彦ほか 編 Ａ５判 1048頁
金融工学事典	木島正明ほか 編 Ａ５判 1028頁
応用計量経済学ハンドブック	蓑谷千凰彦ほか 編 Ａ５判 672頁

価格・概要等は小社ホームページをご覧ください.